文經文庫 A308

看見台灣的海洋世界

前中央研究院動物所所長
張崑雄 ◎著

目次

序｜少了海洋的台灣，就像離了水的魚　張東君　4

Part 1 海裡的各行各業

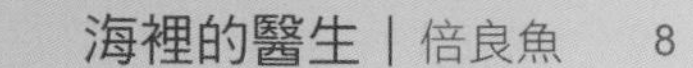

海裡的醫生｜倍良魚　8
冒牌的外科醫生｜粗皮鯛　11
海裡的清道夫｜秋姑魚　14
海裡的貴婦名媛｜蝶魚　17
海裡的紅頂藝人｜金花鱸　20
海裡的夜行者｜天竺鯛　24
戴帽子的魔術師｜海膽　27
海裡的狩獵者｜石斑魚　31
海裡的裝甲兵｜螃蟹　34
海裡的砲兵｜皮剝魨　37
海軍陸戰隊｜彈塗　40
蝦中之王｜龍蝦　43
穿洞洞裝的模特兒｜九孔　46
口藏毒劍的殺手｜芋貝　50

Part 2 海裡的社會現象

海裡的好房客｜小丑魚　54
海裡的壞房客｜隱魚　58
海裡的背包客｜印魚　61
海裡的千面人｜章魚　64
海裡的通寶｜海錢　68

71 寶貝｜龍宮裡的寶藏
74 寄居蟹｜海邊冒牌的貝類
77 黑蝶貝｜珍珠的溫床
80 鸚哥魚｜完美的睡眠保全系統
83 雀鯛｜一夫多妻的家庭
87 隆頭魚｜與人一樣的睡姿
90 銀鮫｜海裡會發光的魚

Part 3 海裡的自然現象

94 獅子魚｜海裡的花蝴蝶
97 鯙｜礁隙中的豺狼
100 海馬｜海裡的袋鼠
103 鱝｜海裡的蝙蝠
106 河魨｜海裡的汽球
110 躄魚｜海藻裡的漁翁
113 石狗公｜海裡的活石頭
116 比目魚｜飄落海底的葉片
119 海星｜海裡的星星
123 毛槍蟲｜海裡的雞毛撣子
126 陽燧足｜海裡的小太陽
129 海羊齒｜海裡的花朵
132 藤壺｜海裡的小火山
135 管口魚｜海裡的枯藤

138 跋｜從《看見台灣》思想起 黃清一
140 後記｜國寶級海洋專家——張崑雄 江婉如

序

少了海洋的台灣，就像離了水的魚

張東君

這些年來連寫帶譯，已經出了將近一百本書；但要我為父親的書來寫序，還真有點為難。然而我看著這本書，越看，對他的敬意就越多了幾分。

雖然我一直在努力，不要靠老爸的蔽蔭；但是自己有今天，其實還是因為有了個虎父（無犬子那個）跟虎媽（很流行的那個）無誤啊～。（逃）

•

台灣是個島國，四面環海，早年卻因戒嚴跟海防，讓一般民眾不太可能去到海邊、親近海洋，更何況是認識海洋與愛上海洋了。

在物資貧困的年代，也不可能有水族館；連有海洋及漁業相關科系的大學院校，也都屈指可數。一般人除非是去漁港或魚市場，不太有可能看到什麼食用魚以外的水生動物。

在這樣的環境下，不認識魚跟牠們的生態，不知道海洋中有非常豐富的生物存在，自然就不會對牠們產生關心，更不用說保護及保育。

在中小學課本只有國立編譯館一種「部編本」的年代，甚至中學裡還沒有「地球科學」這一門課時，地理課本裡幾乎都只介紹地上的一切。因此小學三年級下學期的國語課本裡，「海底奇觀」與「拜訪張教授」這兩課，就成了很多台灣人認識海洋的啟蒙教材。

很多人可能都不知道，這兩篇課文的內容，一篇是來自父親的這本著作，一篇則是父親的經歷。包括我自己在內，都是因為父親，才得以「看見台灣的海洋世界」。

•

我很常在演講中或文章裡提到，專家學者必須是這一領域真正的翹楚，才有能力配合聽眾讀者的年齡背景，用對方能瞭解的詞句，將自己的專業知識講得簡單明白，不會有誤。

相反的，半吊子或不求甚解的人，才會用專有名詞來嚇唬或呼嚨別人，搞得聽眾讀者不懂，自己也越弄越糊塗。

台灣的陸地資源並不多，被稱為寶島的理由，其實正是因為它屹立於海中，但這卻常被人忘記。現在的台灣，跟海洋有關的場館有海洋公園、海洋世界、海生館、海科館等等，再加上各種不同的平面與電子媒體，大家認識海洋及海洋生物的機會已經多了非常多了。

但在三十多年前，父親在台大動物系任教，又擔任中研院動物所所長，有感於兒童（甚至青年與成人）對海洋陌生又好奇，偏偏又沒有真正專家所編寫，簡單且正確的課外讀物。為了讓大家多認識一下海洋，才寫了他的第一本科普書，或說是海洋書，還是魚兒書。

•

對於自謙（其實是真的）國文不太好的老爸來說，要不是他真的那麼愛海、愛海洋生物、想讓大家認識海洋，當年絕不會在「萬忙」中去找自己麻煩，寫這本書的。

結果書出版後，不但廣受大朋友小朋友的歡迎，還在兒童文學家林良先生的支持下，被選入部編本的小學國語課本裡。多年以來，「強迫」小朋友跟青少年學習了基礎的海洋知識，這些素材在今天看來，依然是輕鬆易讀。

不過當時因為還沒有電腦排版，彩色印刷也昂貴，加上在編定章節、標題與圖說文字等諸多地方，在今日看來，還有諸多的不足。

因此他將本書重寫新編，盼望帶領新的一代認識海洋、認識海裡的魚，認識台灣的海洋資源，然後，再一起來保護台灣的海洋、保育海洋中的生物多樣性。因為他相信：「少了海洋的台灣，就像離了水的魚。」

Part 1
海裡的
各行各業

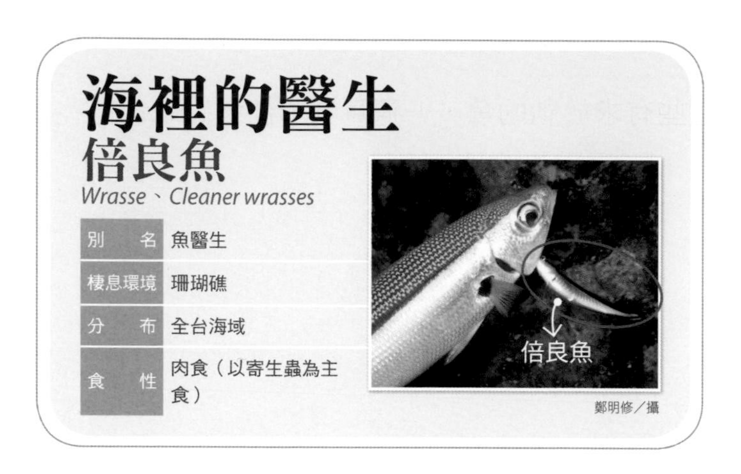

海裡的醫生

倍良魚

Wrasse、Cleaner wrasses

別　名	魚醫生
棲息環境	珊瑚礁
分　布	全台海域
食　性	肉食（以寄生蟲為主食）

鄭明修／攝

你知道嗎？魚類裡面也有醫生？

假如你問我這問題，我會告訴你：「有！」那就是倍良魚，又稱青龍魚。

倍良魚是屬於隆頭魚科的一種魚類。藍白相間和纖細的身材，和牠的職業實在很相稱。

倍良魚看病分文不取，完全是義診，所以頗受各種大大小小魚類的喜愛。

牠的分佈範圍很廣，從溫帶到熱帶的珊瑚礁海域都有牠的蹤跡。在台灣的分佈也很廣，只要有岩礁的區域都有倍良魚的存在。

牠專門替各種魚類，如兇猛的海鰻、石斑或溫馴的雀鯛和隆頭魚等，清除其體表上的雜物或外寄生蟲。

這些有求於牠的魚，一遇見牠，都會乖乖地停在那兒或張開口，打開鰓蓋讓牠治病。

實際上，倍良魚也可以藉治病的機會飽吃一頓。

因為這些寄生在魚的體表上的蟲子（多半是浮游動物中的橈腳類），也是倍良的最好食物，這也是生物界中一種很典型的互利共生的例子。

有人曾經作過實驗，結果發現如果把一個地方的倍良魚移走，則這地方的其他魚類，就會因為倍良魚的消失而跟著搬遷一空。

倍良魚是海裡的醫生，為各種魚類清除體表上的雜物或外寄生蟲。魚兒一遇見牠，就乖乖停下或張開口，打開鰓蓋讓牠治病；倍良魚也藉治病的機會飽餐一頓。（塗子萱／攝）

另外還有一種「冒牌醫生」叫黑線鯯魚，卻是讓其他魚類提心吊膽。

牠長的樣子和游泳的姿態，可以說跟真的倍良魚一模一樣，稍一不注意就會上當。

牠實在是很可惡，牠經常假裝倍良魚來接近那些等待著治病的魚，然後乘其不備狠狠地咬牠一口就溜走。

真想不到在魚族社會中也會有這種敗類存在。這種假倍良和真的倍良，可以由背鰭起點的不同，把牠們分辨出來。

真的倍良的背鰭起點是在胸鰭上方，而假倍良的背鰭起點，卻在牠的頭部上方。

黑線鯯魚是個「冒牌醫生」，樣子和游泳姿態與倍良魚都一模一樣，經常假裝倍良魚來接近那些等待著治病的魚，然後狠狠地咬牠一口就溜走。（詹榮桂／攝）

假倍良魚背鰭起點在頭部上方。

冒牌的外科醫生

粗皮鯛

Surgeonfishes

別　名	倒吊、粗皮仔
棲息環境	珊瑚礁
分　布	全台海域
食　性	藻類

鄭明修／攝

魚類有許多防禦敵害的方法。

像河魨會將身體鼓得大大的，來嚇阻敵人。

獅子魚具有有毒的鰭條；形似風箏的鱝，能以尾柄上的刺，來刺傷敵人。

另外粗皮鯛也是藏有武器的魚類之一。

粗皮鯛由於牠身體上的鱗片非常小，細細密密地附著於皮膚上，撫摸起來，粗糙如砂紙，所以取名「粗皮鯛」。

牠的綽號又叫「外科醫生魚」。但，你千萬可別把牠跟「魚大夫」倍良搞混了！

這個「外科醫生魚」可是不會替魚看病，而只是因為牠的尾柄上有一個或數個尖銳的棘，像外科醫生動手術時所使用的刀子一樣，才有這個雅號罷了。

粗皮鯛是生活在熱帶沿岸珊瑚礁區的魚類，牠的皮膚呈黑色或灰色等較暗的顏色，而配有鮮豔的斑紋。

這些明豔的斑紋常出現在尾柄上，使得尾柄上的「手術刀」特別惹眼，令其他魚類甚至我在潛水時，見了也懼怕三分。

牠們尾柄上的這把「刀子」，通常呈尖銳的突起甚或帶有鉤鉤。

但是也有些種類的粗皮鯛的「刀子」是能夠動的，在沒有特殊需要的時候，就收藏在溝鞘裡頭。

粗皮鯛雖然綽號是「外科醫生魚」，但牠根本不會為魚治病，只是尾柄上有一個或數個尖銳的棘，像是外科醫生的手術刀而已。

（詹榮桂／攝）

牠那闊平的身體，非常適合在礁石的洞隙中穿梭。

在白天裡，你常常可以看到牠們成群地在礁石的底部覓食藻類。

如果粗皮鯛一警覺到附近的「朋友」並不善良，牠就先擺動牠的尾部來逞威。

要是入侵者仍然對牠的安全構成威脅，牠就會猛烈地左右擺動尾柄，使尾柄上的「小刀子」很快的彈出來，而成為一把有力的武器。

在夜晚，牠們就各自去躲藏在安全的洞穴裡休息。有的即隱藏在軟珊瑚的枝條下睡覺。

不過牠那尾柄上的棘，仍具有很大的防禦效果。

說來有趣，「外科醫生」——粗皮鯛，生氣的時候，會拿別的魚「開刀」；但是牠自個兒生病的時候，卻還是要召倍良大夫來治病。

有一種紫棕色的粗皮鯛，當牠需要請魚大夫來替牠清除寄生蟲的時候，身體就會變成橄欖綠的顏色。

這個顏色，好像是牠在向倍良大夫說：

「嗨！快來幫我看病，我不會傷害你！」

海裡的清道夫

秋姑魚

Goatfish

別名	秋姑、鬚哥
棲息環境	礁區、砂泥底、近海沿岸、潟湖
分布	全台海域
食性	肉食（以底棲生物為主）

鄭明修／攝

海洋的底部，也經常會產生許許多多的「垃圾」。

這些「垃圾」種類很多，例如死亡的魚類、貝類或其他的無脊椎動物，以及海藻與死亡後殘存的腐植質。

但是當你在海中漫游的時候，往往會發覺大部分的海底都是乾淨無比。那是因為各種海洋生物，有很多是扮演著清道夫角色的緣故。

秋姑魚可以說是海裡面魚類的清道夫。

牠的口偏下方，它的下方有兩根觸鬚，所以外國人又稱牠為山羊魚。秋姑魚就利用這兩根觸鬚，幫助牠從事清潔工作。

實際上秋姑魚通常是在砂質的海底上找尋食物，牠找尋食物的方法就是利用伸出這兩根觸鬚在地上偵察，找尋躲藏在砂泥地中的無脊椎動物，然後再加以捕食。

全世界的秋姑魚有五十餘種，而台灣地區就有將近廿餘種，從淺的珊瑚礁到深的外海，甚至於在寒帶的海域都可以找到牠。

例如在恒春以南的貓鼻頭風景區外海，水深十公尺的海底下，身上有一個黃點的叫做印度海緋鯉，尾部有兩條橫帶的就叫做三帶海緋鯉。

一般掠食性的魚類及捕食浮游生物的魚，

（詹榮桂／攝）

（鄭明修／攝）

秋姑魚是海裡的清道夫。口下方有兩根觸鬚，幫助牠從事清潔工作。實際上牠只是伸出這兩根觸鬚在地上偵察，找尋並捕食躲藏在砂泥地中的無脊椎動物。

通常是以視覺來尋覓食物；而以底棲生物為食的魚，則大都靠觸鬚及味覺器官來幫助尋找食物。

例如秋姑魚，就是以觸鬚來協助覓食的一個例子。

當然，像龍占、鯛科等，在砂地上覓食的魚類也有類似的行為，只是牠們少了兩根觸鬚罷了。

（詹榮桂／攝）

（鄭明修／攝）

全世界的秋姑魚有五十多種，光是台灣沿海地區就有將近廿多種。對台灣這片美麗的海洋世界，有很大的貢獻。

海裡的貴婦名媛

蝶魚

Butterflyfishes

別　名	蝶魚
棲息環境	珊瑚礁
分　布	全台海域
食　性	多為肉食（少數雜食性）

林昕佑／攝

在溫暖的珊瑚礁區潛水，猶如置身於海底的桃花源世界裡。

色彩繽紛的各種海洋生物，都在這兒蓬勃的生長著，而生活在這兒的魚類，更為這個海底世界加添了許許多多艷麗的色彩。

其中有一群貌如其名，美麗如蝶的蝶魚，深受潛水人員及飼養觀賞魚者的喜愛。

蝶魚身體上的顏色大都以黃色或白色為底，再鑲上黑色、橘紅色、藍色或棕色等的條紋或斑點，顏色的搭配真是巧奪天工。

牠的嘴延長而突出，有些甚至向上翹，有點像喜歡頂嘴的小丫頭。

實際上，這種嘴形是很適合於伸入礁區中隙縫裡，覓食小型的生物為食。

只要不受驚擾，牠們吃東西的時候，顯得不慌不忙，細細的咀嚼，慢慢的品嚐！真像是貴婦名媛。

蝶魚身上的顏色多以黃色或白色為底，再鑲上黑色、橘紅色、藍色或棕色等的條紋或斑點。艷麗的體色，使牠在珊瑚礁中獲得了「安全」的保障。（鄭明修／攝）

蝶魚艷麗的體色，好像在和珊瑚礁中形形色色的海洋生物相互輝映，牠「混跡其間」，常令人渾然不易把牠和其他的生物區分出來，牠們就在無形中獲得了「安全」的保障。

尤其在牠身體後端靠近尾部的地方，常鑲上一顆酷似大眼睛的黑色大圓斑，更常使其他的魚兒無法認清那邊是頭？

原來絕大多數的蝶

魚，在頭部都有一條深色的縱帶，稱為「眼帶」；從頭頂經過眼睛直到鰓蓋下緣。

另外在近尾部的地方，常常有一斑點，形似眼睛，稱為「眼狀斑」。

牠頭部的這種眼帶遮掩了真正的眼睛，而尾部的眼狀斑，則偽裝成一個假眼。

牠就這樣利用聲東擊西的方法，保護牠的「要塞重地」，使敵人誤將牠的尾部當做頭，再加以攻擊。

蝶魚就在這時候，快速的朝著頭部的方向逃難，這個脫逃的方向，又往往與敵人預料的方向相反！使牠大大的減少了遭劫的機會。

這麼一來，你能不嘆服蝶魚這種保護色彩的自然組合嗎？

蝶魚身體後端靠近尾部，有顆酷似大眼睛的黑色大圓斑，敵人會誤將牠的尾部當做頭來攻擊，蝶魚就趁機快速朝頭部方向逃難。（林昕佑／攝）

海裡的紅頂藝人

金花鱸

Sea goldie

別名	花鱸、海金魚
棲息環境	礁區、近海沿岸
分布	全台海域
食性	濾食性，以浮游動物為主

鄭明修／攝

舞台上有些藝人會反串，觀眾難以分辨；在海中的很多魚類，也有雌雄莫辨，甚至會變化性別。

21 頁上圖與下圖裡的金花鱸，請你先不要看圖說，猜猜看哪一隻是雄魚？哪一隻是雌魚？你會分辨魚的雌與雄嗎？

一般說來，很多魚類的雌魚和雄魚在外表上都長得一模一樣，真叫人無法辨認牠們的性別。但有一部分魚類，在外型或體色上就有雌雄的差異，很容易區別出來。例如海馬，在腹部帶著個育兒袋的，就是雄海馬。

我在台灣南部珊瑚礁區潛水的時候，常常看到成對的金花鱸，形影不離的游來游去，那情景真叫我羨慕。

圖裡上方的金花鱸，除了背鰭第三鰭條特別長外，眼睛是綠色的。全身幾乎都具有深淺不同的紫色，體色非常鮮艷，這隻是雄金花鱸。

雄金花鱸約十幾公分長，而雌金花鱸較小，通常小於十公分。

下方雌金花鱸的眼睛則是黑的，體色是平淡的橘黃色，不若雄魚富於色彩變化，而且背鰭第三鰭條也不延長突出。

所以，相形之下，雌金花鱸要比雄金花鱸失色多了。

這種不論在體色或構造上，有差異能從外表上區別出性別的情形，在學術上稱為「雌雄雙型」。

體型較大的雄金花

上方的金花鱸，背鰭第三鰭條特別長，眼睛是綠色，全身有深淺不同的紫色，體色非常鮮艷，所以是雄金花鱸。下方雌金花鱸的眼睛是黑的，體色橘黃色，沒有色彩變化，背鰭第三鰭條也不突出。（鄭明修／攝）

鱸非常好動，有強烈的領域行為，經常做 U 字形式的游泳。

這種游泳方式是波動著尾部，急速地俯衝而下，然後把胸鰭收緊，展開腹鰭，將背鰭的前半部拉倒，後半部撐開，這時的體色就變得很深暗。

當牠游近 U 字形的最低點的時候，尾巴又用勁一擊，使魚體轉向上，再緩慢的擺著尾巴，游向上方。

雄魚就藉著這樣的活動方式來防守牠的領域，並攆走外來的入侵者。

在一群金花鱸中，你或可看到有些金花鱸，牠的外形和顏色既像雌魚，又有點像雄魚，介於雌、雄兩者之間，難道是「陰陽魚」不成？

金花鱸常做 U 字形式的游泳，牠們先波動著尾部，急速俯衝，在 U 字形最低點時，尾巴又用勁一擊，使魚體轉向上，再緩慢的擺著尾巴，游向上方。（鄭明修／攝）

原來，你所看到的是正在轉換過程中的金花鱸。

金花鱸是有性別轉換現象的。

實際上金花鱸生出來的時候，都是雌魚，經過一年的生長和產卵後，有一部分的雌魚的卵巢就漸漸退化，同時原來不發達的精巢反而逐漸的發育了起來。

這時牠背鰭的第三鰭條也隨著伸長，體色也由雌魚的橘黃色變成雄魚的紫色，而成為雄赳赳的金花鱸。

這個由雌性轉變為雄性的過程，大約需要幾個禮拜的時間。這種現象就稱為「性轉換」。

性轉換的現象在魚類的天地裡相當的普遍。除了這裡介紹的金花鱸外，還有嘉鱲魚、石斑魚以及「魚大夫」倍良等等都是。

在一生當中可以經歷兩種截然不同的性別，這不是很奇妙嗎！

金花鱸生出時都是雌的，一年後有一部分雌魚的卵巢漸漸退化，不發達的精巢反而逐漸發育，鰭的第三鰭條也隨著伸長，體色由雌魚的橘黃色變成雄魚的紫色。（詹榮桂／攝）

海裡的夜行者

天竺鯛

Cardinalfishes

別　名	大面側仔、大目側仔
棲息環境	礁區、 少數種類棲習於河口
分　布	全台海域
食　性	以底棲無脊椎或浮游動物為食

鄭明修／攝

在一天二十四小時裡，各類生物活躍的時刻各不相同。

有的喜歡白天活動，夜晚休息；有的則白天躲起來，等到晚上再出來活動。

就如夜行性的魚類，白天躲在洞裡，晚上別的魚都休息去了，牠們才出來活躍在這黑壓壓的大海裡。

所以當你白天在珊瑚礁區潛水，想看看這些害羞怕見陽光的魚類，就必須到牠們棲息的洞穴門口去跟牠們打招呼。

只要用蛙腳打了幾下水，拐過了幾塊大岩石，很快就找到了這些魚類居住的家。

往洞裡一看，嚇！小小的洞穴，密密麻麻的擠滿了成千上萬的夜行性的天竺鯛。有的甚至於擠到洞外，躲在洞門口附近陰暗的地方，真是熱鬧！

天竺鯛最大也不過十幾公分，牠們常住在由牠們所據有的洞穴裡，不會受其他魚類的侵擾。

牠的一對大眼睛，用來適應牠們在陰暗洞穴裡的夜間生活。

天竺鯛雖然大多在晚上出來覓食，但白天躲在洞穴裡的時候，也會捕食洞裡的小生物。

這些小生物以浮游生物和底棲性的無脊椎動物為主；例如小蝦、小蟹、多毛蟲類等。有一種天竺鯛還經常會躲到洞穴中海膽的硬棘中間。

曾有人做過實驗，把海膽搬到洞外，結果原先躲在硬棘中間的天竺鯛都溜了。

如果再把海膽移到洞穴門口陰暗的地方去，不一會兒，就會有一、兩隻天竺鯛重新鑽入海膽的長硬棘間尋求保護。

在魚類的世界裡，對於卵和幼魚的照顧，可以說相當的周密，而這種保姆的工作，大部分都是雄魚的責任呢！

有些魚如小丑魚，把卵產在隱蔽的巢裡，而雄魚在一旁照顧。海馬則把卵產在雄魚貼身的育兒袋裡。

但有的魚如池塘中的吳郭魚是把卵含在雄魚的口腔裡孵化，這樣的適應方式可避免敵害，維護種族的繁衍，天竺鯛也有用口孵卵的行為。

雌天竺鯛所產出來的卵，像是有一層薄膜包起來似的，通常黏成一團。

這時候，跟在後面的雄魚，就會立刻把這團受過精的卵含入口腔，讓卵粒在這個最安全的地方孵化。等小魚孵化出來了，再把牠們吐出來。

絕大部份的天竺鯛都是雄魚含卵的，這樣的孵育方式，使雄魚在含卵期間無法吃東西，真是「含辛茹苦」！

但卻大大地增加了卵安全孵化出來的機會，確保了牠種族的延續。

天竺鯛只有在夜間才會活動，白天在珊瑚礁區潛水時，到牠們棲息的門口，用蛙腳打幾下水，就會湧出密密麻麻的的天竺鯛。（鄭明修／攝）

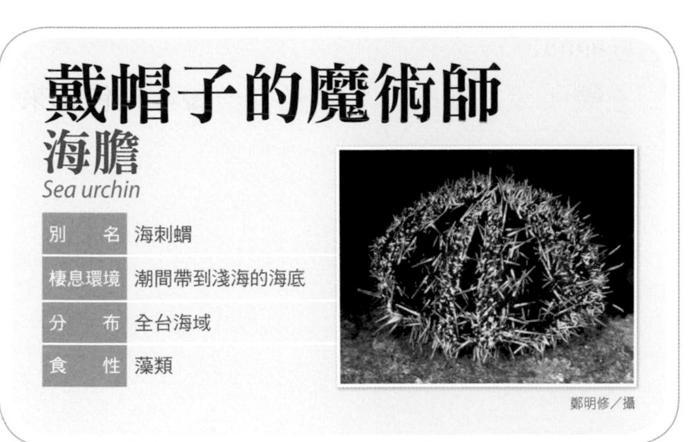

戴帽子的魔術師

海膽

Sea urchin

別　名	海刺蝟
棲息環境	潮間帶到淺海的海底
分　布	全台海域
食　性	藻類

鄭明修／攝

在台灣北部沿岸海底的礁石堆上，常常可以發現很多大大小小的球狀物，牠們的外殼佈滿了長長的硬棘。

如果你仔細的去瞧瞧它，就會注意到這些硬棘還會動呢！你想，這些東西究竟會是什麼呢？

嗨！牠們就叫做海膽，是一種棘皮動物，形狀略呈圓球形。

底下的一面較平坦，中央有個複雜的口器，叫做「亞里斯多德神燈」。

口器裡長有銼刀狀的鈣質牙齒，用來啃食生長在礁石上的藻類、沈積的碎屑或微小的生物。

海膽的硬棘，能四面八方的轉動，是很好的防身工具，

（詹榮桂／攝）

（鄭明修／攝）

（鄭明修／攝）

海膽是一種棘皮動物，形狀略呈圓球形。硬棘能四面八方的轉動，是很好的防身工具，同時也能輔助海膽的行動。

同時也能輔助海膽的行動。

假如你一看到海膽，就貿然的去撿牠，是會被刺傷的。有一種叫魔鬼海膽的，更是厲害，千萬不可大意。

但是有的魚類，像天竺鯛、蝦魚等卻利用這些長硬棘的間隙，做為牠們安全的庇護所呢！

海膽的外殼，是由五條「步帶溝」和五條「間步帶溝」交互排列而成。步帶溝的骨板上有成列的管足，可以自由伸縮。每一管足的前端又都有一個小吸盤。

海膽就利用這些管足，來移動身體或用來牢牢地吸附在礁石上，以防被浪潮打翻。

不過即使不幸被打翻

了，牠仍可伸出管足，向四面八方探尋可吸附的東西，以便用勁再把自己翻正過來。

有時，海膽會把海藻、碎石或小貝殼撿起來，覆蓋在牠的身上，乍看起來，像是矮冬瓜戴上了帽子似的，煞是有趣！

因此，曾經有很多人研究過這種「戴帽子」的行為。有人認為海膽這樣做，就像我們在大太陽下戴帽子的情形一樣，是為了遮蔽強烈的光線。

但也有人認為海膽頂了這些東西，是為了穩住牠的身體，以免被

（詹榮桂／攝）

（鄭明修／攝）

台灣北部的馬糞海膽，當生殖腺成熟時候可以採來生吃，或做成漿狀的「雲丹」，在日本料理店成為珍品，以致遭到濫捕，數量逐年減少。

波浪沖翻。

更有人認為，這只是用來混淆掠食敵人的視線。

噯！真是高明的魔術師！你不認為牠們聰明得可愛嗎？

台灣北部有一種叫做馬糞海膽的，當牠的生殖腺成熟的時候，就可以採來生吃，或把它做成漿狀的「雲丹」，這在日本料理店是珍品呢！

這些年，由於人們大量的採捕，海膽的產量逐年急遽下降；我真替牠們提心吊膽，深怕牠們會面臨絕滅的厄運！

我們對海洋生物的掠捕都應有適當的節制，千萬不要隨意加以濫捕。好讓牠們有休養衍息的機會。

俗語說得好：「留得青山在，不怕沒柴燒」。唯有這樣，我們也才能經常有好的海鮮可吃啊！你說對不對？

海裡的狩獵者

石斑魚

Grouper

別　　名	條、虎麻
棲息環境	珊瑚礁或岩礁底部
分　　布	全台海域
食　　性	肉食

鄭明修／攝

「唷！一條好大的魚！」

我一到「海底城」，就看到了一條大石斑魚驚慌地從人工魚礁底部，竄到另一個隱蔽的角落裡去。

「乖乖！起碼有五公斤重！」

我繞著這座海底城游了一圈，高興的發現：在這個海底城的每個角落裡，住了許許多多經濟價值很高的大魚，牠們無疑的將給沿岸的漁民帶來一筆可觀的財富。

我趁著記憶猶新，趕緊記下了我所看到的魚的種類、數量和大小。 石斑魚有一張大嘴，當牠大張其口的時候，那幅兇猛的樣子真會讓你嚇得倒退三尺。

但是當你看到很多潛水朋友喜歡親自用手來餵東西給石

斑魚吃，甚至還像「他鄉遇故知」般地拍拍石斑魚的大腦袋，你就能了解，石斑魚並不是兇猛的魚了。

石斑魚通常棲息在海中的沉船、岩石以及珊瑚礁的洞穴裡。牠們性喜獨居，平時你難於看到牠們在外頭遊盪。即使偶而會碰到一隻、兩隻和你擦肩而過，也都是躲躲藏藏的，一警覺到擾動，就會慌慌張張的躲起來。

石斑魚的牙齒大多細小，不易撕咬獵物。由於這個不太管用的牙齒，使牠失去很多品嚐長長的管口魚和扁而高的蝶魚的機會。不過，那張大嘴一打開，倒是能產生很大的吸力，藉此用一口吞下的方式來掠取食物。

但你也可別以為石斑魚是很溫和而可欺侮的喲！如果你惹火了牠，牠可也很兇的呢！

曾有科學家在一尾石斑魚的「家」門口擺了一面鏡子，用來測驗牠的「個性」到底怎麼樣。

當牠瞧見鏡子的時候，當然也就看到了一條「石斑魚」在那兒，跟牠四目相視。這一來牠就立刻擺出了一種威脅、恐嚇的架勢，充分表現出了牠具有一種「領域獨佔」的行為。

牠在鏡子前游來游去，張牙舞爪。當然，鏡子裡的魚也同樣的張牙舞爪，一點兒也不甘示弱、當牠被鏡子裡的影像給弄迷糊、也給惹火了之後，牠卻也想出了一個新的迂迴戰術，而繞到「對方」後頭去。

可是一到後頭（鏡子後面）一看！好小子！竟給溜走了；只好懶洋洋地回原來的地方休息去。

可是沒想到，牠一回到「家」卻發現那個小子又來了！牠就這樣周而復始的想盡辦法要趕走這個「入侵者」。

在一旁觀察的科學家可笑彎了腰！

後來，科學家又在那兒多加了三面鏡子，當這尾石斑魚再次巡視牠的領域的時候，發現有這麼多非法入侵者，實在再也不能忍受了，就開始奮不顧身的攻擊鏡子裡的魚。

這麼一來，連在一旁觀看的科學家也受到「魚池之殃」，被碰了幾下呢！最後有一面鏡子竟被這條氣極了的石斑魚打破了！

假如你在家裡飼養有熱帶魚的話，不妨也做做同樣的實驗，來看看各種魚的反應。

石斑魚性喜獨居，牙齒大多細小，不易撕咬獵物。但別以為牠是很溫和的，當牠張開血盆大口時，那幅兇猛的樣子，會讓人嚇得倒退三尺。（鄭明修／攝）

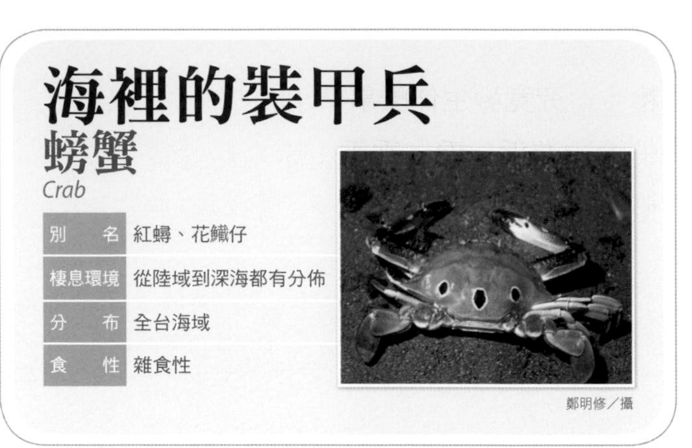

海裡的裝甲兵

螃蟹

Crab

別　　名	紅蟳、花鱭仔
棲息環境	從陸域到深海都有分佈
分　　布	全台海域
食　　性	雜食性

鄭明修／攝

海底並不全是由珊瑚礁或岩石所覆蓋，還有許多地方是光禿禿的一片沙地。

沙地上不像礁區，有好多洞穴可供生物棲息及藻類著生，因此沙地地區的生物種類和數量都很稀少。

但人類是很聰明的，近幾年來紛紛設置水泥框框或類似房子的構造，投放到海底的沙地地區，造成一種叫做人工魚礁的「魚類公寓」。

這些「魚類公寓」，給魚類或其他的海洋生物，有更多的空間棲息和生長。我也就經常穿梭在這種海底城裡工作。

有一天，我和同伴們又到北部做例行的調查研究。在接近海底城的邊緣，發現一部一部「小坦克車」在那兒活躍，心想：

「糟了，究竟發生什麼事？」

靜悄悄的游近一看，乖乖！原來是幾隻美味可口的大螃蟹！又肥又大！這種螃蟹，市場上俗稱花鱘仔，味道非常鮮美。

我很謹慎的再游近一點看個仔細：

「哈！好一隻雄赳赳的雄蟹，正張著一雙鉗狀的大螯在示威呢！」

往牠身後看看，原來還有一隻較小的鱘仔。不得了！腹部還攜抱著卵塊呢！

牠是一隻雌蟹，原來那隻雄的螃蟹，是在守護著即將「臨盆」的雌蟹。

螃蟹和蝦子一樣都屬十腳類，但螃蟹的頭胸部向左右延伸而像個扇子。腹部短小而縮到下面去，俗稱「臍」。

螃蟹的雌雄就是以臍的形狀來區分的。雄蟹的臍呈窄三角形，而雌蟹則略呈圓形。

蝦、蟹類雖有堅硬的外殼保護身體，但為了適應逐漸長大的軀體，一生中牠們需要蛻好幾次殼。

雌螃蟹要脫殼前會先產生一種脫皮激素，同時誘使雄螃蟹前來完成傳宗接代的任務。

有趣的是，又有一種螃蟹，當雄的來到跟前時，牠會挑選前來「徵婚」的雄蟹。

如果來的是瘦弱的求婚者，牠會把這隻雄的趕走；如果來的是健壯的，那麼牠就會允許牠留下來，而在脫殼之後，讓雄蟹擔當保護的責任。

通稱「蟳仔」的一種螃蟹，是目前台灣價昂味美的海鮮之一。

台灣養蟳的歷史很久，養殖業者大都在河口地區採捕天然的蟳苗，然後放到池子內養大後再出售。

但由於沿岸河口區污染日益嚴重，天然蟳苗產量銳減，已不易捕獲。

現在國內已有專家正在研究蟳的人工繁殖，希望不久能大量繁殖成功，使得蟳苗的來源不虞匱乏，你就有味美價廉的螃蟹可吃了。

海底並非全是珊瑚礁或岩石，許多地方是沙地，生物種類和數量都很稀少。人類因此設置人工魚礁的「魚類公寓」給魚類或其他的海洋生物更多的空間棲息和生長。（鄭明修／攝）

海裡的砲兵

皮剝魨

Triggerfish

別名	剝皮魨、砲彈
棲息環境	珊瑚礁
分布	全台海域
食性	肉食

鄭明修／攝

「注意！止前方砲彈一枚，臥倒掩蔽！」

在海中的我正想閃開，卻見這枚小砲彈速度慢了下來，更在我面前做了九十度的轉向，搖著尾巴，頭抬得高高的，游走了！

「嘿！好個神氣巴拉的傢伙！」

就在牠轉身的那一剎間，我認出了牠來，原來是價昂的觀賞魚——小丑砲彈，難怪牠那麼神氣！

小丑砲彈的黑底的腹部，鑲著很多白色大圓斑，有一張黃色的嘴巴。整個體形看起來像極了一枚砲彈。另外牠在眼睛和嘴巴之間，還有一條寬寬的黃色帶子，臉部的色彩、圖案活像是粉墨登場的小丑，所以我們管牠叫「小丑砲彈」。

牠是一種很昂貴的高級觀賞魚，你看，牠的眼睛遠遠地長在頭的後上方，彷彿知道自己身價不凡似的！

小丑砲彈屬於皮剝魨科，是河魨的親戚。皮剝魨受到驚擾的時候，會發出吵雜的聲音，但並不能把腹部鼓得大大的。

大多數的皮剝魨體色暗淡，身上沒有什麼好看的花紋，身體上都由排列整齊的大型骨質鱗片覆蓋，全身好像披掛著甲冑似的，十分的笨重。

事實上，也的確如此，牠們的行動可說相當緩慢。也許是為了彌補這個缺點，皮剝魨的第一背鰭，具有很強大的硬棘，它豎立了起來，可用於防身。

它的一枚硬棘最強大，直立起來後，第二枚硬棘又牢牢地把它靠緊，加強它的撐著力。

由於這個作用，當皮剝魨遇到危險，鑽入珊瑚礁洞穴裡的時候，牠就把硬棘豎立起來，用力抵住珊瑚礁壁，任憑你怎麼用勁拉，都沒辦法把牠拉出來。

皮剝魨的「口味」很廣，有的吃藻類，有的吃二枚貝、蝦、小螃蟹，更有很喜歡吃海膽的。可是海膽有長長的刺，形成一堵保護性的圍牆，皮剝魨又是怎麼個吃法呢？

這種皮剝魨，在這個時候，卻一點也不顯得笨拙呢！

牠把注意力集中在海膽刺比較短的腹面。問題是，牠如何使海膽最軟弱的腹面露出來呢？

說來你也許難以相信！牠竟然懂得去咬住海膽背面上最長的刺，然後把海膽拉高，使海膽離開地面。

接著再鬆開嘴巴，讓海膽掉落下來，這個動作會繼續做到使海膽的腹面向上為止。

然後，皮剝魨就馬上向海膽的腹面攻擊，從容地把內臟吃掉。這套本領真叫人嘖嘖稱奇！

皮剝魨的肉往往有毒，毫無食用價值，但像色彩鮮艷的小丑砲彈等，卻具有極高的觀賞價值。

在台灣南部和東部海域常能發現牠們的蹤跡，對於這種觀賞魚的資源，我們也應該善加合理開發和維護。

皮剝魨的肉往往有毒，毫無食用價值，但像色彩鮮艷的小丑砲彈等，卻具有極高的觀賞價值。（詹榮桂／攝）

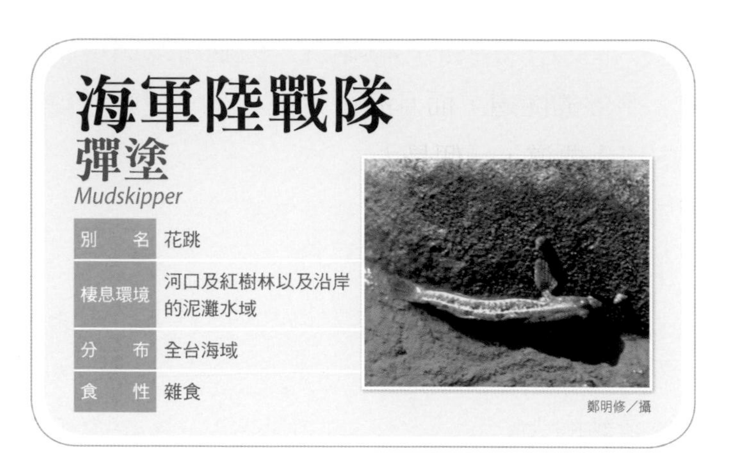

海軍陸戰隊

彈塗

Mudskipper

別　名	花跳
棲息環境	河口及紅樹林以及沿岸的泥灘水域
分　布	全台海域
食　性	雜食

鄭明修／攝

大部份的魚類生活在海洋裡或河川中，一刻也離不開水。

但也有少數的魚，可以暫時離開水而生活一段時間，彈塗就是其中的一類。

在河川和大洋交會的河口泥濘沙地，當退潮的時候，往往可以看到地面上有許多洞洞，在那洞洞裡就有叫做彈塗的魚類住在裡面。

彈塗的長相很滑稽可愛：兩隻眼睛長在頭頂上，嘴巴大大的，肉質的胸鰭強而有力，可用來支撐身體，腹鰭特化成吸盤狀，位於胸部。

你如果想捕捉彈塗，可也不簡單呢！牠們總是搶先一步溜入洞內。

如果詳細的去看看牠們的洞穴，你就可以發現彈塗的洞穴是像丫字形的隧道，而且有兩個孔口，一個是「前門」，是彈塗的出入要道，一個是「後門」，用來暢通水流和空氣。

可見彈塗還相當注重居家環境的整潔和衛生呢！

潮水退了以後，可以看到牠們躲在自家門口，把兩個胸鰭搭在洞口上向外張望，就像一個被媽媽禁足的小頑童，交抱著雙臂坐在窗台上，伸長了脖子觀望外面的花花世界。

可是炙熱的太陽隨時都可能烤乾牠們的皮膚、天然的敵害也等著要捕食牠們，在這種情勢之下，真是危險重重。

幸而彈塗有鑽洞穴居的習性，在外面索食的時候若遇到敵害，也會及時躲進穴道裡逃生。因此彈塗所築的穴道，正可以維護牠們在這一地區生活的安全性。

如果發現四周靜悄悄的好像沒什麼危險，牠們就會溜出來，晒晒太陽把背鰭張開，伸伸懶腰，尋找食物。

由於四周都是泥，可使皮膚保持潮濕，加上彈塗魚的皮膚也能補助牠們的呼吸，所以牠們常玩得忘了回家。此外當繁殖季節到來時，穴道也用來作產卵室。

彈塗平常利用胸鰭交互移動，在地面上邊爬邊跳，速度很快。那種趴在地上匍匐前進將身體彈起，往前跳的樣子，像極了突擊隊的士兵。

彈塗的洞穴有兩個孔口，潮水退了後，可看到牠躲在自家門口，把兩個胸鰭搭在洞口上向外張望，就像一個被媽媽禁足的小頑童，在窗台上伸長了脖子觀望。（邵廣昭／攝）

因此你也許聽過牠們的名字，有叫「花跳」的，也有叫「跳彈塗」的。

跳彈塗體型較小，肉略帶苦味，沒有人喜歡吃。花跳比較大型，體上散佈藍點，肉味細膩，南部小吃店裡常可見到牠們的可憐相。

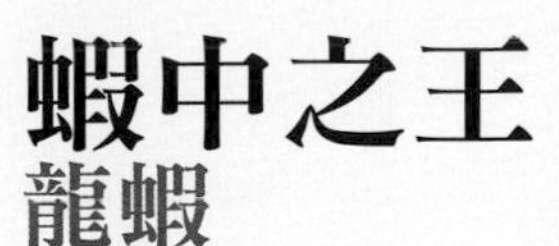

Lobster

別　　名	龍頭蝦、蝦王
棲息環境	珊瑚礁
分　　布	全台海域
食　　性	肉食

鄭明修／攝

蝦子、螃蟹都是夜間活動的動物，龍蝦也不例外。

在白天裡，如果你經過牠的洞穴門口，你也只能看到兩根長長的像是天線的鬚鬚露在外面，在接收外界的消息。

這兩根鬚鬚也就是龍蝦的感覺器官——觸角。

龍蝦的腹部有短短板狀的游泳肢，用來游泳；但雄龍蝦的第一對游泳肢特化成細棒狀的交接器，用來把精子送到雌龍蝦的體內。

雌龍蝦的游泳肢在產卵的時候，也可用來攜帶卵粒。

龍蝦跟螃蟹最不同的地方，就是龍蝦的腹部長而且多肉質，也是人們最喜歡吃的部位；而螃蟹的腹部短，還縮到頭胸甲的下面成為臍了。

脫皮是節肢動物的特徵之一。要脫殼前，龍蝦一定要找一處隱蔽而安全的洞穴躲起來，因為新生出來的殼很軟，沒有保護能力，最容易受到其他動物甚至同類的攻擊，而成為掠食者口中的海鮮。

美國種的龍蝦脫殼後，會把舊殼堵在牠藏身的洞口前，並且慢慢把脫下來的舊殼吃掉，以獲取足夠的鈣質，使新殼變得堅硬。

雌龍蝦剛脫完殼的時候很軟弱，雄龍蝦會在一旁保護牠。但等到雌蝦的殼硬了，螯強壯了，有能力保護自己了，雄蝦卻必須趕緊逃開，否則往往反而會受到雌蝦的威脅。

龍蝦是節肢動物，要脫殼前一定要找隱蔽而安全的洞穴躲起來，因為新生出來的殼很軟，沒有保護能力，最容易受到其他動物甚至同類的攻擊而被掠食。

（林昕佑／攝）

攜帶著卵團的雌蝦，常用腹部的附肢激動水流，幫助卵粒的孵化。

為了維護牠的下一代的安全，雌蝦是很兇的，隨時都在防止其他生物侵入牠的領域裡。

但是台灣海域常見的龍蝦，性情比較溫和，大家群居在一起，相安無事。

牠們還會為了尋找食物，排成一列隊伍，往有食物的地方遷移，就像行軍一般，一隻接著一隻，後面一隻的觸角搭在前一隻的身上。

這麼一來，每一隻的柔軟腹部都會受到後面那隻的保護，可以減少在這遷移過程中，所可能發生的傷亡。

為了維護龍蝦的資源，各國政府都訂有法令，規定捕到了太小的龍蝦都需放回海裡，不准吃。

多大的龍蝦才准捕食呢？一般是頭胸甲的長度（也就是眼窩到「腹部」的距離）必須達八公分以上。

漁船出海撈捕，小於這標準的龍蝦，必須將牠放回到大海裡，使牠們能有機會產卵、繁衍子孫。

台灣海域常見的龍蝦，性情比較溫和，為了尋找食物，排成一列隊伍，往有食物的地方遷移，每一隻的柔軟腹部都會受到後面那隻的保護，可減少遷移過程中的傷亡。（詹榮桂／攝）

穿洞洞裝的模特兒

九孔

Abalone、Ormer

別　名	九孔
棲息環境	棲習於礁岩海域
分　布	全台海域
食　性	藻類

鄭明修／攝

我從炎熱的夏威夷，飽覽了一陣明媚的風光回來，立刻又跑到東北部海岸去潛水。

原來這海域下面盡是些表面光滑的大小石塊，難怪這個水底世界的眾生相，和南部珊瑚礁區的生物相，有著顯著的差異。

我一邊忙著跟那些悠哉遊哉的魚兒們打交道，拍拍照；一邊仔細的觀察，看看這兒有那些可以供給我們利用和開發的生物資源。

我就像尋寶似的，這個石塊看看，那個縫裡瞧瞧，偶而翻動翻動小石塊。

這一翻，可差點把我的口水逗出來了！

原來我發現了好些個殼上鑿著一排洞洞的九孔，附著在這些石塊上。

你知道這種味道鮮美的九孔，為什麼會在殼上開這麼多的洞呢？難道牠們也為了趕時髦、穿洞洞裝啊？牠們與陸上的人們競艷？

當然不是的，那為什麼呢？

九孔的殼長通常大約七、八公分，殼上有六至九個孔，排成一彎曲線。

隨著身體的成長，殼末端的幾個孔（也就是最先出現的孔）會漸漸封閉，而只留下痕跡，而殼前面的那些孔，則是為了保持暢通。

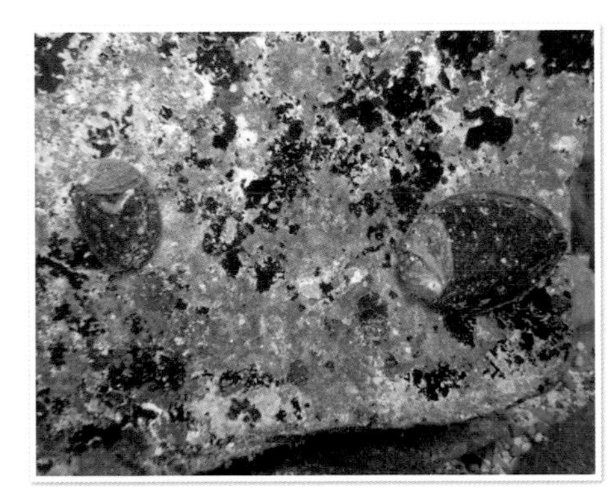

九孔殼上有六至九個孔，排成一彎曲線。隨著身體的成長，殼末端的幾個孔（也就是最先出現的孔）會漸漸封閉，而只留下痕跡，而殼前面的那些孔則保持暢通。（鄭明修／攝）

假如你在海底下做較長久的觀察，你就可以看到牠們利用外套膜上的小觸手來打掃這些洞，使這些洞能經常保持暢通。

牠們殼上開洞的目的，是為了免於跑「一號」，而能就地解決牠們自身的「衛生問題」。

乾淨清潔的水，會經由身體前端的腹面進入；而不乾淨的水，則由背面這些出水孔排出去。

這些孔不僅是排出廢物的地方，也是排放卵和精子的出口呢！

牠們白天躲在石頭底下或岩縫裡，晚上出來覓食，以刮取的方式攝食岩石上的藻類。

九孔白天躲在石頭底下或岩縫裡，晚上出來覓食，以刮取的方式攝食岩石上的藻類。牠們的洞洞裝（殼）的顏色，和牠們所吃的藻類是有很密切的關係的。（鄭明修／攝）

牠們的洞洞裝（殼）的顏色，和牠們所吃的藻類，也是有很密切的關係的。

如果這一陣子吃綠藻，所長出來的殼的顏色就呈綠色；如果吃紅藻的話，就變成紅褐色。

所以，由牠們殼的顏色變化，也可以瞭解到牠們棲息環境的變化。

如果牠棲息的地方，餌料很豐富的話，九孔是不大會遷移的。

通常稱的「鮑魚」是指較大型的，盛產於溫帶海域的種類。目前也有人引進台灣，進行養殖。

鮑魚通常都有碗口那麼大，甚至有的超過二十五公分；但殼上的孔數目較少，通常只有三、五個。

章魚、蚵螺、黑鯛等也都跟我們一樣地非常喜歡吃九孔和鮑魚。你看那蚵螺不是正在飽餐味道鮮美的九孔嗎！

為了培育九孔的資源量，增加生產，人們正積極的一方面試行採用人工繁殖的技術予以培育。

另一方面，人們也大量投放人工魚礁，讓牠們有更多空間可以附著生存，來達到保護和利用九孔資源的目的。

口藏毒劍的殺手

芋貝

Cone Snail

別　名	雞心螺
棲息環境	棲習於礁岩海域淺海區
分　布	全台海域
食　性	肉食

鄭明修／攝

在貝殼裡，芋貝可以說是頭號「暗藏毒劍的殺手」。

芋貝的形狀呈長錐形，如果你把牠豎起來看，就像一個覆蓋著三角帽子的磁雕花瓶。

瓶子的底部是牠外殼的開口，而三角帽狀的頂點就是芋貝的殼頂了。

整個光滑的殼身上佈滿了很多褐色或黑色的美麗花紋，著實會令人十分喜愛，而不會去察覺到牠竟會是晝伏夜出，深藏不露的魔手。

芋貝喜歡生活在熱帶水域，尤其分佈在沿岸地區有沙、泥或小碎石的地方。

只要一到了晚上，牠們就一個個從沙石裡爬出來，尋找活餌，飽餐一頓。

牠們都是肉食性的，最喜歡吃活的魚、小螃蟹、多毛蟲以及貽貝。

牠有一支「利劍」，藏在吻部的齒舌上，由特化的魚叉狀角質齒所構成。

牠一靠近獵物，就把吻伸出，而將淬滿毒液的小牙齒，刺入獵物的身體裡。

牠的每一枚牙齒，只用一次，掉了以後，還會再長出新的來補充。

如果你在海邊看到有一小截橘紅色的管子露在外面的時候，你可要特別小心，那往往就是芋貝藏身的地方。

芋貝有一支「利劍」，藏在吻部的齒舌上，由特化的魚叉狀角質齒所構成。一靠近獵物，就把吻伸出，而將淬滿毒液的小牙齒，刺入獵物的身體裡。（鄭明修／攝）

芋貝的呼吸管前端呈紅色或橘色，白天牠埋在沙裡，只伸出這根呼吸管來呼吸。

在海中時，你千萬不要用手去撥開沙土，想去把牠撿起來，甚至任意的把牠往身邊的衣袋裡一放。

牠口裡的「毒劍」可是會隨時出鞘，穿過衣袋，將牠的毒液刺入你的皮膚哦！

如果你被刺傷了，在數小時之內，毒性就會發作，引起肌肉痲痺，甚至引起呼吸困難而死亡。

所以，牠呼吸管上的紅色標幟，其實就是告訴你：

「危險！不要碰我。」

有人說採芋貝的時候，抓「鈍」的那一頭，也就是殼頂的三角帽狀部分，比較安全。

其實，牠的吻可以伸到殼的每一個部位，所以抓「大頭」這一邊，並不安全。

如果一定要捉牠，也要用大鑷子夾起牠們，還是儘量避免用手去採牠為妙。

Part 2 海裡的社會現象

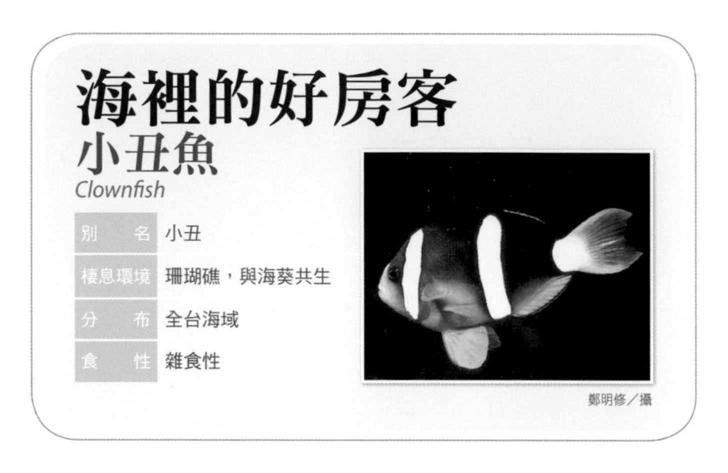

在珊瑚礁裡潛水，最讓人興奮的莫過於看到：

許多可愛的小丑魚和一叢叢的海葵共同生活在一起的奇景了。

小丑魚可以說是海洋中生活環境較奇特的魚了，牠也就是狄士尼電影《海底總動員》中的主角尼洛。

小丑魚既不住在岩礁，也不鑽進沙地，而是住在某些特定種類的海葵成叢的觸手當中。

在這個小小的天地裡（有時一叢波浪形的海葵，可達三英呎以上），可以容納三至五條的小丑魚居住，牠們藉著體表特殊黏液的保護，才可以安全的生活在這裡。

由於海葵的保護，使得牠免於受到其他大魚的侵襲。

所以，牠活動時都是急馳而出，掠取食物之後，又趕緊溜回「房東」的保護之下。

每種不同的小丑魚都與牠特定種類的海葵在一起，而且每條魚都認識牠自己的「家」，很少會認錯地方。

小丑魚取食後的殘渣就是海葵的美食，而且小丑魚還可以幫海葵清除體上的殘屑和觸手上的寄生蟲。

另外海葵也可以利用牠的「房客」，誘騙其他小魚陷入牠的「虎口」。

同樣的，小丑魚也會像溫馴的小貓一樣，側著身子在海葵的觸手間擦來擦去，讓海葵幫牠清除身體上的寄生蟲或黴菌。

小丑魚既不住在岩礁，也不鑽進沙地，而是住在某些特定種類的海葵成叢的觸手當中。在這個小小的天地裡，可以容納三至五條的小丑魚居住。（鄭明修／攝）

小丑魚就在海葵的保護下，舒適的生活在那小小的天地裡，這就是海洋生物中最典型的「互利共生」的例子。

小丑魚在生殖季節，會表現出明顯的「領域行為」的舉動，雄魚負責向外抵禦外侮，而雌魚則注意內部，特別是雄魚巢穴的入口處。

雌魚的領域較大，有時一尾雌魚的領域可以包括數個雄魚的巢穴呢！

小丑魚成熟以後，雄的小丑魚就會先在海葵的底部，清理出一個可以做巢穴的地方。

然後，雌的和雄的小丑魚隨時協力把阻擾在巢上的「煩惱絲」——觸手扯開。

牠們扯得愈厲害，海葵的觸手收縮的愈緊，這時候小丑魚的好事就近了。

一旦巢穴露出來，成對的小丑魚就在這裡產卵受精。

小丑魚取食後的殘渣，就是海葵的美食；小丑魚還可以幫海葵清除體上的殘屑和觸手上的寄生蟲。海葵也可以利用小丑魚，誘騙獵食其他小魚。（鄭明修／攝）

產卵後，照顧卵粒是父親的責任，牠們會利用胸鰭或尾鰭來搧動卵粒，幫助孵化，並且把死卵移走。

孵化後，小魚會先到水面生活數週，然後回到海底找尋牠們自己的海葵，經過一段馴化的適應過程，才會漸漸對致命的觸手產生免疫，這時小丑魚才算真正找到一個落身的家。

也許你會問，小丑魚失去了海葵可以生活嗎？

當然可以！只是在海裡容易被其他魚類所掠食，在水族缸中，牠們還是可以單獨的生活著；也常常會到氣泡石的氣泡中，享受一下那種搔癢的滋味呢！

小丑魚就在海葵的保護下，舒適的生活在那小小的天地裡，這就是海洋生物中最典型的「互利共生」的例子。（鄭明修／攝）

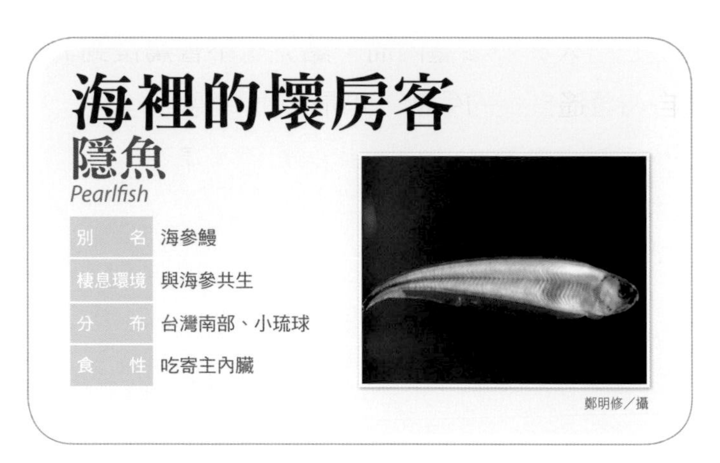

很多魚類跟人類一般，也需要有固定安全的庇護所居住。

例如彈塗魚住在隧道般的洞穴裡，小丑魚活躍在海葵中。那麼還有誰住在奇怪的「家」裡呢？

隱魚選擇了海參當牠的「家」，就像是一個「小隱士」，隱居在海參的體內。假如你有機會到恒春的南灣去潛水，偶而你也可以在那兒見到這些小隱士——隱魚。

隱魚身材細小，略為透明，有些在皮膚上還長著許許多多的黑色雀斑。牠沒有鱗片也沒有腹鰭。背鰭向後延伸到尾部和臀鰭連結。肛門卻在腹部的前面和頭部很接近。

由於牠這種細長的身體，使得牠能很方便的鑽入海參的消化道居住。

牠自由出入於海參體內而一點兒也不會驚擾到海參。這種來去自如逍遙自在的生活，正是隱士的寫照。

當隱魚要鑽進海參體內的時候，牠都是先用頭部去尋找海參的肛門的位置，然後將尾部彎曲，把尾部塞進海參的肛門，打直身體順著海參的消化道慢慢蜿蜒蠕動，直到整個身子躲進了海參的直腸為止。

可是幼小的隱魚往往不守規矩，總是從頭先進入海參的體內。

隱魚鑽進海參體內以後，只有到了晚上才會跑出牠的這個「家」，去找小蝦或螃蟹等果腹。有些隱魚也住在蚌、牡蠣甚至於海星的體內。

隱魚身材細小，使得牠能很方便的鑽入海參的消化道居住。海參並不歡迎這些，因為隱魚偶而還會把海參的內臟當飯吃，可是又拿隱魚沒辦法。（鄭明修／攝）

在北美洲的海岸，隱魚常住在珍珠貝內，所以又叫牠做「珍珠魚」。

其實，海參並不歡迎這些不事生產的隱士，因為牠安安逸逸地住了免費的房子，有時偶而還會把牠的「房東」——海參的內臟當飯吃，海參一點兒也得不到好處。

海參也好可憐，可是又拿隱魚沒辦法，幸而海參還是個寬大為懷而仁慈的房東，牠只有默默地把內臟再生出來。

隱魚的身體略為透明，有些皮膚上還長著黑色雀斑，沒有鱗片也沒有腹鰭，可以自由出入於海參體內，這種來去自如逍遙自在的生活，正是隱士的寫照。（邵廣昭／攝）

海裡的背包客

印魚

Suckerfish

別　名	長印仔魚
棲息環境	吸附在大型魚類體表
分　布	全台海域
食　性	肉食，魚類、甲殼類為主

鄭明修／攝

你敢和獅子或老虎一起身影相隨，同桌吃飯嗎？

在海洋裡，卻有許多小魚敢在兇猛的大魚「虎口」下撚鬚呢！印魚就是其中的一個例子。

在熱帶的海洋中約有十種印魚。牠們的體長大小，有的只有數吋，有的卻長達三英呎左右。

印魚生來頭頂上就有一個橢圓形的淺盤子，這個盤子有吸附作用，是由背鰭前端部份演化而來的。

盤裡面有十三至二十五個橫板，排列方式像是可以活動的百葉窗。

印魚就利用這個厲害的盤子，造成真空，牢牢的吸附在鯊魚或魟魚等大型魚類或哺乳類的鯨魚身上或鰓腔裡。搭著這種「便車」，到處免費旅遊。

當牠的「車子」——大魚有東西吃的時候，印魚就會趕緊鬆開吸盤，繞著大魚游，搶著它分一杯羹，撿食大魚吃漏了的殘渣。

吃飽後，牠又吸附到大魚身上，跟著續奔前程。

因為印魚有這個像磁鐵一般的裝置，可以吸附在任何平坦的物體上；因此，在熱帶島嶼地區的一些土著，經常利用牠來釣海龜。

當地人把釣繩綁在大印魚身上，然後扔到海裡，當牠找到海龜吸附上去後，漁翁只要把釣線收上來，就有所獲。

雖然印魚常漫不經心地搭著便車，可是當牠發覺牠的「便

印魚頭頂上的橢圓形淺盤有吸附作用，可以牢牢的吸附在鯊魚或魟魚等大型魚類身上，搭著「便車」到處旅遊，還能撿食大魚吃漏了的殘渣。（鄭明修／攝）

車」發生了問題，卻會很快的溜之大吉。

我們在海邊常常看到當漁夫將釣到的鯊魚提出水面的時候，往往會有一條印魚一溜煙地脫逃另找便車而去。

有一次，我們在恒春沿海潛水工作，恰巧遇到漁民捕到一隻大魟魚，正把牠擱在岸邊。

那時候就有這麼一條小黑印魚，誤把我們當「便車」而向我們游來，我們正想張個網捕牠，牠卻吸附在我們的潛水衣上。

印魚有個像磁鐵般的裝置，可吸附在任何平坦的物體上；熱帶島嶼地區的一些土著常利用牠來釣海龜。只要把釣繩綁在大印魚身上扔到海裡，吸附到海龜時，把釣線收上來就有所獲。（邵廣昭／攝）

後來我們檢驗了在那沙灘上的大魟魚，在牠的鰓腔裡赫然發現有另一種白色的印魚，這種白印魚通常只能在大魚的鰓腔裡找到，那是因為長期適應環境所造成的結果。

海裡的千面人

章魚

Octopus

別　名	八帶蛸、坐蛸、石居
棲息環境	珊瑚礁
分　布	全台海域
食　性	肉食

鄭明修／攝

在岩礁的洞穴附近，我們常可以看到身體柔軟，具有八條長著許多吸盤的手臂，而把腹部頂在上頭的章魚。

牠時而跳著「夏威夷草裙舞」，時而做著「三級跳」，或一溜煙躲進石縫裡，露出又大又亮的眼睛往外瞧，好像在捉迷藏，真可以說得上是體態輕盈，姿態美妙！

章魚不是魚類，牠和小卷、墨魚等都是屬於頭足類，是軟體動物中最高等的一類。

牠有發達的神經系統、精細的感覺構造和特殊的行動方式，是一種奇妙而可愛的動物。

章魚有八條活動自如的手臂，非常強勁有力，用它來掠捕食物，可以說是無往不利。

牠的嘴巴隱藏在八條手臂的中央，嘴巴裡頭有幾丁質的牙齒，十分銳利。

緊接著牠的八條手臂的是一個大大的袋子，這個袋子能自由豎起或垂下，由於這個袋子常常頂在上面，所以很容易被誤以為是章魚的「頭」。

其實那是章魚的腹部，裡面裝的是牠的內臟。牠的腦部是在眼窩和手臂之間。

牠那雙骨碌碌的眼睛相當的進化，幾乎和高等動物般，具有很好的視力。

章魚的身上有許多能迅速擴張和收縮的色素細胞，由這些色素細胞的變化，可以使牠變換成很多顏色，例如：黃、橘、

章魚不是魚類，而是頭足類，是軟體動物中最高等的一類。有發達的神經系統、精細的感覺構造和特殊的行動方式，是一種奇妙而可愛的動物。（鄭明修／攝）

紅棕、藍、紫和黑色等。

因此，當章魚在外面活動的時候，就能在瞬息間，使身體的顏色隨著週遭的環境而改變，把自己裝扮得和環境十分相近。

因此，在岩石上伸展著牠的八條手臂，昂首闊步，可不是像一隻張牙舞爪的千面人嗎？

當章魚的安全有了問題，牠也擁有兩個花招，可以使牠化險為夷，躲避敵害呢！

第一招是利用向後噴水，使牠向前推進的躍動方式，來急速逃離危險區域。

另一招是當牠發覺無法及時脫身時，就馬上施放「煙

章魚身上有許多能迅速擴張和收縮的色素細胞，由這些色素細胞的變化，可以使牠變換成很多顏色，使身體的顏色隨著週遭的環境而改變。（林昕佑／攝）

幕」，由體內的墨囊噴出一團酷似牠形狀的墨汁，而逃之夭夭。

這種墨汁的作用，一方面是藉造成錯覺的形象來施展金蟬脫殼之計，一方面是用來斷敵人的嗅覺，使牠無從追捕。

在生殖季節裡，雄章魚會用特化的一隻手臂把自己的精夾（內有許許多多的精子），送到雌章魚的身體裡面，讓卵受精。

雌章魚所產出的卵是白色橢圓形，一顆一顆的黏聚在一起，好像一大串白色的葡萄，非常的耀眼。不知你看到了，是否也會喜歡？

章魚有八條活動自如的手臂，非常強勁有力，可用來掠捕食物。牠的嘴巴隱藏在八條手臂的中央，牙齒十分銳利。緊接著八條手臂的大袋子是腹部，腦部是在眼窩和手臂之間。（詹榮桂／攝）

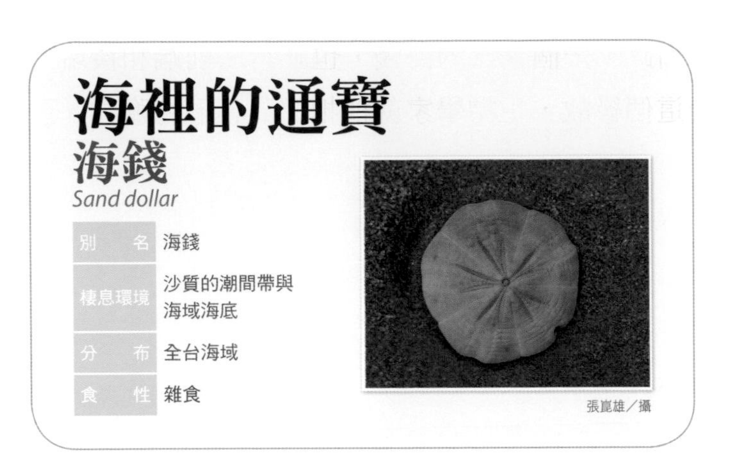

海裡的通寶

海錢

Sand dollar

別　名	海錢
棲息環境	沙質的潮間帶與海域海底
分　布	全台海域
食　性	雜食

張崑雄／攝

你聽說過「海錢」嗎？也許你會問：

「海底世界也使用錢幣啊？」

也許是我把陸地上的銅板帶在身上，不小心失落海裡的吧？不！你猜錯了！

在海裡面，是有一種海膽非常的扁平，乍看起來，真像極了我們所使用的五元或一元的銅板。因此，生物學家就把這種海膽叫做「海錢」。

海錢屬於歪形海膽，外形和前面已介紹的馬糞海膽或魔鬼海膽不同。

海錢通常比一般的海膽來得更為扁平，牠的肛門開口轉移到邊緣，甚而到具有嘴巴的底下一面去了。

因此，一個圓形的海錢，也就有了前端和後端之分，也由於這個緣故，生物學家就稱牠們為歪形海膽類。歪形海膽類除了海錢以外，還有海餅和心海膽。

海錢體表的硬棘非常短小，看起來毛毛的，不易刺傷人。

牠有兩種管足；一種較小，有吸盤，是用來輔助運動的。

另一種管足則比較大，具有分枝，是用來呼吸的。海錢的運動主要是靠牠的這些硬棘。

海錢通常棲息在沙地裡。牠們把自己埋入沙裡的方法很有趣。

曾有人發現，有一種海錢，牠前端的硬棘較長。當牠要埋入沙裡的時候，會先用管足在自己前面堆個小沙堆，然後把前端往沙堆底下擠進去，一面又用管足把沙覆蓋在自己身上。

這個過程大約需要十五到二十分鐘，如果中途遇到障礙物，牠還會轉移身體，另覓新居呢！

還有一種海錢是利用身體左右旋轉的方式，把自己埋到沙裡去的，這樣要花十五分鐘以上，才能做好這個工作。

牠們的工作效率看起來很差，但你別忘了，牠們可是很弱小的生物啊！有些海錢直徑才只一公分左右，比我們使用的一毛錢還小呢！

海錢因為常埋在沙堆裡，因此我們遨遊海中時，就不容易發現牠們。

但是，假如你在海灘上散步時，可就不同了；當潮水退了以後，常常可以在沙灘上看到一道一道的小路徑，那正是海錢爬過時留下的痕跡。

說不定下次你到海邊去的時候，你會發現腳下正踩著海錢呢！

隱藏 在沙土中的海錢。

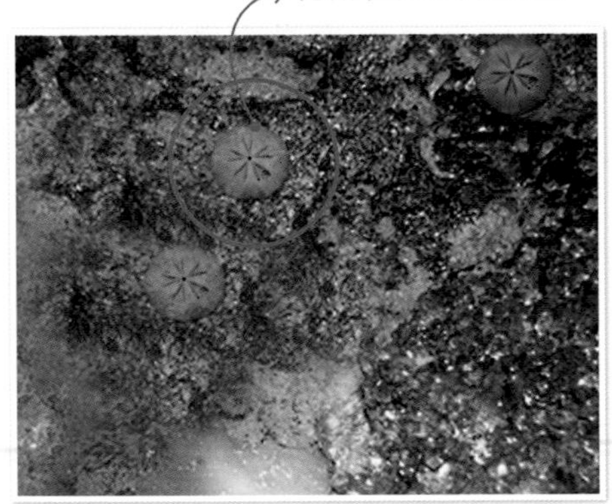

海錢前端的硬棘較長，要埋入沙裡時，會先用管足在自己前面堆個小沙堆，然後把前端往沙堆底下擠進去，一面又用管足把沙覆蓋在自己身上。（張崑雄／攝）

龍宮裡的寶藏
寶貝
Cowrie

別　名	寶貝
棲息環境	潮間帶到深海都有發現
分　布	全台海域
食　性	肉食

鄭明修／攝

你的口袋裡或小木盒裡，有沒有藏著一些屬於你喜愛的小「寶貝」啊？

像五彩玻璃珠、蠶寶寶……甚至一、兩枚漂亮的貝殼！對不對？

當你到海邊嬉水的時候，你是不是也常常喜歡彎著腰、躬著背在海灘上找尋可愛的貝殼？

古時候，貝殼就曾被人們當成一種貨幣來使用。直到現在，一些原始部落的人們仍然用貝殼來交易呢！說不定媽媽的頸子上或手腕上，也正戴著用貝殼串成的項鍊或手鐲呢！

很多軟體動物都具有外殼，其中以腹足類「寶螺科」的寶貝最令人愛不忍釋手。

牠們背負著一個形狀酷似卵圓石的外殼，像被牠們背上的「房子」壓得喘不過氣來似的，在礁石上緩緩爬行。

寶貝和陸生的蝸牛一樣都屬於軟體動物，好在牠們有這麼一個硬殼，可以做為防身的庇護所，能夠躲過許多外來的敵害。

如果你要在海裡尋找牠，可也不簡單。因為牠們經常伸展出牠柔軟暗淡的外套膜，把整個殼包裹起來而靜止不動，很容易和礁石上的其他東西混雜在一起，使你不容易發現到牠，而能騙過一些沒有經驗的潛水者。

寶貝和陸生的蝸牛一樣都屬於軟體動物，好在牠們有這麼一個硬殼，可以做為防身的庇護所，能夠躲過許多外來的敵害。（鄭明修／攝）

現在你知道了牠們有這種習性後，在海底尋找寶貝可就是一大樂趣了！

當你看到一端具有一對觸角一團黑絨絨的東西，只要你輕輕地去碰一碰牠，這個黑絨絨的外套膜就會慢慢收縮而露出一個卵形晶瑩、潔白的貝殼。

啊！一個寶貝，那份喜悅實在使你難以忘懷。寶貝有很多顏色，有的呈淡黃色、紅褐色，甚或有雲狀斑或條紋，組成美麗的圖案。

因為牠們常常用外套膜包裹著貝殼，使得牠經常維持光滑、明亮的外殼，因此，藻類或小型的動物也都無法著生在牠們的殼上。光亮、形狀優美的貝殼，就成為人們喜愛的天然藝術品了！

可是，也由於人類的撿拾，貝殼也逐漸地減少。我每次看到棲息在礁石上的寶貝和牠們所產下的膠質卵子，都是只有從內心裡深深地祝福這些貝殼：「希望牠們能免去被撿拾的惡運，而在溫馨的海底世界，綿延出更多更漂亮的貝殼，為龍宮積蓄更多的寶藏。」

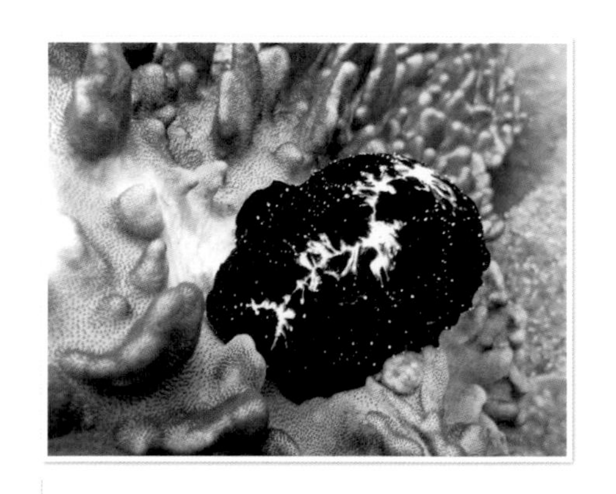

寶貝常用外套膜包裹著貝殼，使藻類或小型的動物無法著生，因此能維持光滑明亮的外殼，成為人們喜愛的天然藝術品。（鄭明修／攝）

海邊冒牌的貝類

寄居蟹

Hermit crab

別　名	寄生仔
棲息環境	從陸域到深海都有分佈
分　布	全台海域
食　性	雜食

張崑雄／攝

你可能在海邊的沙灘上或岩礁上，看過很多行動敏捷的小貝殼在那兒忙碌地「走來走去」；咦——貝類也有腳啊？

也許你曾經想到了這個問題。不錯，貝類只有肉質的「腹足」，而沒有可以用來「走路」的腳的。

你所看到的是和螃蟹同是節肢動物的「寄居蟹」。這些小東西很能忍受乾旱，即使離開海水一段很長的時間也無所謂。

雖然牠們背著貝殼到處跑，但這個貝殼並不是牠們身體的外殼，而是撿現成的空貝殼來做為牠的「流動房屋」罷了。你說，牠是不是冒牌的貝類呀！

寄居蟹的腹部不像蝦子和螃蟹，擁有堅硬的外骨骼可以護身，反而非常脆弱；所以天生就懂得找個空殼以求安全。

同時為了適應貝殼裡螺旋狀的「隔間」，寄居蟹的腹部肌肉也都呈螺旋狀的曲，以便牢牢地緊攀著這「房子」。

為了避免柔軟的腹部暴露在敵人的尖嘴利牙之下，牠平時是從不輕易離開這貝殼的，除非牠漸漸長大到原有的貝殼無法容納得了，牠才會無可奈何的離開老家，再去找大一點的新家。

生物界共生的現象很多，寄居蟹與海葵也有很密切的共生關係。有一種寄居蟹，牠的殼上常常帶著幾隻海葵。

海葵是一種行動遲緩的動物，但有的海葵會附著在寄居蟹的殼上，跟著牠週遊各地而獲取更多的食物。

寄居蟹的腹部非常脆弱，所以天生就懂得找個空殼以求安全。為了適應貝殼裡螺旋狀的「隔間」，腹部肌肉也都呈螺旋狀的曲，以便牢牢地緊攀著「房子」。（鄭明修／攝）

寄居蟹也因為身上頂著個海葵，而海葵觸手上的刺細胞，是常使其他的海洋生物望眼而生畏、敬而遠之的，因此，寄居蟹就可以得到庇護。

你知道寄居蟹是怎樣地使海葵爬到殼上去的嗎？

寄居蟹遇到海葵的時候，寄居蟹就會用腳巧妙地碰一碰海葵，海葵一接到這種信息後，就鬆掉原先附著在岩石上的底盤，然後利用身體與觸手的運動，慢慢地攀附到寄居蟹的殼子上來！

牠們竟也有一套溝通意見的辦法呢！你說，這不是生物奇妙的地方嗎？

寄居蟹很能忍受乾旱，即使離開海水一段很長的時間也無所謂。雖然背著貝殼到處跑，但只是撿現成的空貝殼，做為牠的「流動房屋」。

（詹榮桂／攝）

珍珠的溫床

黑蝶貝

Pearl oyster

別　　名	黑蝶貝
棲息環境	礁岩海域
分　　布	全台海域
食　　性	濾食性

鄭明修／攝

你知道珍珠從那兒來的嗎？

多年前的春天，當時我正忍受著冷冽的海水，在墾丁外海六十英呎深的海底，勘察投置人工魚礁的地點時，一枚有兩片外殼的黑色貝殼吸引了我的注意。我游近一看，原來牠是可以產生珍珠的一種珍貴的黑蝶貝。

黑蝶貝的外表呈漆黑色，殼面凹凸不平，不怎麼惹人喜愛；但是如果你把牠那兩片外殼打開，那光輝閃亮的珍珠層就馬上映入了你的眼裡。

珍珠層是軟體動物外套膜的分泌物，它構成了貝殼最靠近身體的內層。它能不能夠產生珍珠，可以由這珍珠層的厚薄和光澤看出來。

通常只要貝類能分泌大量光澤無比的珍珠質，就有可能產生價值連城的珍珠。因此，能產生珍珠的貝類，不僅是黑蝶貝而已，還有白蝶貝、鮑魚、蛤、淡水的河蚌等等。

由於所分泌的珍珠質成份的不同，所形成的珍珠的色澤也就有差異。

例如一種北美的圓蛤，產的珍珠呈紅棕色，黑蝶貝所產的珍珠帶有黑色光澤，一般的珠貝則產生乳白色或略帶粉紅色的珍珠。

貝類為什麼能產生珍珠呢？說來相當有趣。

原來是當一隻寄生蟲或一粒小砂子等，不小心掉進貝殼裡面去的時候，貝類的外套膜分泌珍珠質，慢慢地把這種外來的物質包裹起來。

經過長久的時間，珍珠質愈積愈厚，就形成一顆小圓球，我們就稱它叫珍珠。

黑蝶貝外表不怎麼惹人喜愛，但是把牠那兩片外殼打開，光輝閃亮的珍珠層，就馬上映入眼裡。（鄭明修／攝）

這本來是貝類體內一種排斥外物的保護作用所造成的結果，沒想到卻因此而產生了那麼美麗的東西，而受到人們的喜愛。

由於一顆珍珠的形成通常需要三到五年的時間，而且真正圓滿無缺的珍珠，可遇而不可求，數量非常稀少，如果採到的珍珠形狀不圓或色澤不好，價值也就差很多。

現在大多數的潛水漁夫反而捨棄珍珠，而熱衷於採捕含有漂亮珍珠層的貝殼而已。

他們把珍珠層磨成粉，或加工製成鈕扣、耳環等飾物，甚至還仿製成「珍珠」；但這種「珍珠成品」，就不是真正由貝類千辛萬苦所孕育出來的了。

一隻寄生蟲或一粒小砂子等，不小心掉進貝殼裡，貝類的外套膜就會分泌珍珠質，慢慢地把這種外來的物質包裹起來，形成一顆小圓球，稱為珍珠。（林昕佑／攝）

一片欣欣向榮的珊瑚礁，剛從我的眼底掠了過去。

突然間冒出了一小塊光禿禿的礁石，好事的我趕緊停了下來，俯身趴在上面，仔細的環視周圍的沙粒。

我揀起珊瑚的碎塊，來看個究竟發生了什麼事？看了之後，我嘆了口氣說：

「原來，鸚哥魚又來洗劫過了！」

你或許會奇怪，鸚哥魚為什麼吃珊瑚礁呢？又怎能咬得動那堅硬的珊瑚呢？

鸚哥魚的「吃飯的傢伙」可真不簡單。

牠的上、下顎骨不僅堅硬，還配上一副厚厚的牙齒，活像鸚鵡的嘴巴。

這嘴巴就是牠的註冊商標，不過，可不是用來學說話，而是專門用來啃珊瑚的。牠的喉嚨裡，還藏有一副用來磨碎東西的牙齒（咽齒）。

很多魚只是用刮取的方式，來吃長在礁石上的藻類，什麼也不怕。

而鸚哥魚卻仗著牠有一副厲害的嘴巴，就任情的去咬斷珊瑚。鸚哥魚把珊瑚放到嘴裡去咀嚼，好讓長在礁石上面的大、小藻類悉數進入牠的肚子裡。沒有用的由牠嘴裡吐出來的時候，都已被磨成砂了！

鸚哥魚的這種攝食方式，常會在礁石上留下牠們的齒痕，甚至於在「餐桌」附近撒下「碎屑」。

因此，如果我要為珊瑚們打抱不平，那麼鸚哥魚想賴也賴不了的。

比較大型的鸚哥魚，還有另一套在沙地裡尋找食物的本領。

牠們會斜躺下來，用身上的鰭來搧動沙土，讓埋在沙下面的岩石或小生物抖露出來，成為祭品！

傍晚，鸚哥魚填飽了肚子以後，也該是休息的時候。鸚哥魚會睡在那兒呢？

你不用替牠操心，牠可是有個可以高枕無憂的「睡袋」

呢！

有些鸚哥魚當牠要睡覺的時候，就會分泌出一種黏液，把自己包裹起來，然後安安穩穩地在這個睡袋裡睡覺。

你別以為這層黏膜一定很脆弱，一碰就破！其實，一點兒也不，它得花上三十分鐘的時間來造它呢！想要拆掉它，也還得花上相等的時間！

這個睡袋可說相當的精細，即使牠睡覺的附近，有最輕微的變化或騷擾，都會使鸚哥魚驚醒過來。

鸚哥魚竟會有那麼完善的防護系統，你說這不是大自然的奧秘嗎？

鸚哥魚睡覺時，會分泌出一種黏液，把自己包裹起來。這個睡袋相當精細，附近有輕微的變化或騷擾，都會使鸚哥魚驚醒過來。

（詹榮桂／攝）

一夫多妻的家庭

雀鯛

Damselfishes

別　名	厚殼仔
棲息環境	岩礁區、 潮池區或潟湖區
分　布	全台海域
食　性	以底藻及小型無脊椎動物為食

林昕佑／攝

「嗨！別跑！別跑！這兒有東西吃！」

我輕輕攪動礁石，沉積在礁石上的碎屑飛揚了起來，只見圍繞在我四周的一大群藍雀鯛中。

有的膽子大一點的，已經前來覓食碎屑中的小甲殼類，有的想上前，又不敢離開自己的庇護所（礁石洞穴）太遠。

那膽小的卻仍然停留在庇護所附近躊躇不前，看樣子只有在那兒「望洋興嘆」了！

我正好趁此機會，細細地觀察雀鯛科魚類覓食的行為。

在溫暖的水域裡，雀鯛的種類繁多。牠們都是在白天活躍的魚類。通常在珊瑚礁頂層覓食，一到晚間就躲入礁穴中。

不過，小丑魚雖也是雀鯛的一種，但牠們大多以大海葵為牠們的棲所哩！

雀鯛一般都是成群地迎著水流，覓取隨著水流而來的豐富的浮游動物。可是也有一種雀鯛會專門吃隆頭魚的卵，而且還算得準隆頭魚產卵的時間和地點。

當十幾條隆頭魚集成一群垂直向上游，然後又一八〇度轉向下游的當兒，就是隆頭魚產卵的時刻。

這個時候，及時趕來守在附近的雀鯛，就趁此光景，一擁而來，飽餐一頓。

目前，科學家們還不了解，雀鯛的這種能夠把隆頭魚的產卵習性，摸得一清二楚的本事，究竟是學習來的？還是與生俱來的能力？

像別的魚一樣，雀鯛在生殖季節，也有很強的領域行為。有一種雀鯛，牠們的生殖行為的序幕是這樣揭開的：

一隻體色鮮明的雄魚，帶領著一群雌、雄同伴，在礁區頂層尋找適當的巢穴。

當牠們找到了看來似乎還合適的地方，其中的幾條雄魚就「潛下」去再仔細察看察看，如果選擇好了地點，這些雄魚就會把背鰭豎起來，表示：

「我要開始建立自己的地盤囉！」

繼而不時地互相示威、追咬，來劃定自己的領域界線。

一旦確立了各自的地盤後，就漸漸不再互相攻擊，而開始專心忙著打掃巢穴，把雜七雜八的東西啣走。

等牠一看到雌魚經過，牠就馬上作垂直向上和向下游的「求偶儀式」。但當雌魚接受了雄魚的好意而在巢中產卵後，雄魚卻又很絕情地把這條雌魚趕走，而另外再邀約別的雌魚來，真是要不得！

不錯，牠們是「一夫多妻制」，也就是說，在一個雄魚的巢中，可能有五至六尾雌魚產卵。

至於照顧卵粒的工作，不用說，又落在雄魚身上。不過，牠們倒都能夠很盡忠職守的完成孵卵的任務。

有的雀鯛還具有很嚴謹的社會制度。牠們是依照魚體的

在溫暖的水域裡，雀鯛的種類繁多。牠們都是在白天活躍的魚類。通常在珊瑚礁頂層覓食，一到晚間就躲入礁穴中。（林昕佑／攝）

大小來排定社會層次。魚體大的，社會層次就高。

因為這種雀鯛的雄魚比雌魚大，很顯然牠們是以「男性」為重心的社會了！通常身體較大的魚具有攻擊性，常會追咬小的魚，但小的魚也往往不甘示弱，而表現出挑戰的姿態。

然而最可憐的，莫過於那條體形最小最小的雌魚了。不但排不上層次，落得像個流浪兒，還得常常充當大魚的出氣筒。那些在同伴之間相鬥而敗北下來的魚，就常常拿追咬這隻雌魚來出氣。

最妙的是，就因為這條魚充當了比牠大的魚的發洩情緒的對象，而使得整個雀鯛社會秩序能夠維持安定。牠還是少不了的一員呢！你說有趣不有趣？

雀鯛種類繁多，活躍在白天溫暖的水域。通常在珊瑚礁頂層覓食，一到晚間就躲入礁穴中。小丑魚雖也是雀鯛的一種，但牠們大多以大海葵為棲所。

（邵廣昭／攝）

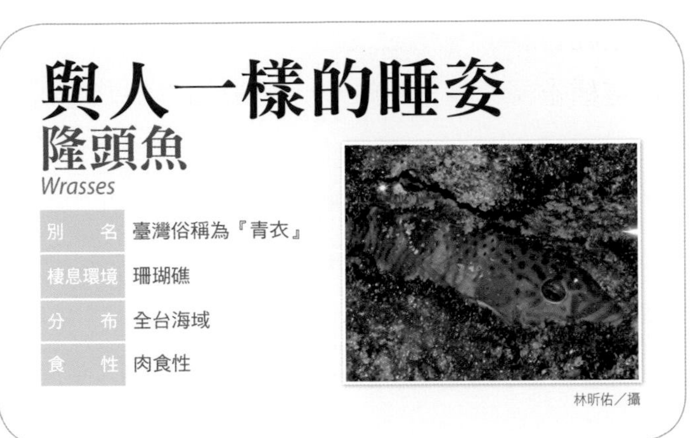

與人一樣的睡姿

隆頭魚

Wrasses

別　名	臺灣俗稱為『青衣』
棲息環境	珊瑚礁
分　布	全台海域
食　性	肉食性

林昕佑／攝

魚也要睡覺嗎？當然，與其他的動物一樣，魚也有各自不同睡眠的習慣。

有的魚是在白天睡覺，然後利用夜晚其他的魚睡眠的時候，予以偷襲的。

這些會在夜間出來攝食活動的魚類，我們稱為夜行性魚。

這類魚以生活在淺海的水底下或岩礁間的魚類為多。如鰻、鯙、鯰、天竺鯛等，其他如肺魚、比目魚等。

大部份的淺海魚，是在夜晚睡覺的，我們稱牠為晝行性的魚類。

如果你會潛水的話，那麼你在清晨或傍晚的時候，會發覺，這兩種不同生活習慣的魚，是那麼井然有序地，交換牠們活動和棲息的場所。

魚類因為沒有眼簾，所以總是睜著眼睛睡覺。至於睡眠的姿態也有種種。

有的是靠著水草或岩石睡覺的，如攀木魚，有的是在水面的下方睡覺的，如劍尾魚；有的是在水面的上緣靜止著睡的，如神仙魚。

海洋裡的鸚哥魚甚至會每個晚上都用牠自己體表的黏液，作成一個透明的黏液窩，把自己圍在裡面，只在前後各留一孔，讓水流通過以便呼吸。

靠著這些黏膜的特殊惡臭，可以防止海裡的魔王像海鰻之類的攻擊。

隆頭魚與我們人類一樣，是橫臥著睡覺的。牠們通常在砂中二公分下，水平地躺著睡覺。這一睡就睡到破曉時分，才會慢慢地醒過來 。

（林昕佑／攝）

而最有趣的，是與我們人類一樣地橫臥著睡覺的隆頭魚，如花翅儒艮鯛及織棘儒艮鯛等。

這類魚一到傍晚時分，就頭向下尾朝上的以十五度至三十度的傾斜，像是找尋「溫床」似地游著。

直到發現了適宜的地方，就將頭部一橫，靠著尾鰭的強力運動，漸漸地橫臥著突入砂中。

如果尾部不能完全沒入砂中，就以尾鰭攪動砂石，使它從上面覆蓋其全身。

牠們通常在砂中二公分下，水平地躺著睡覺。這一睡就睡到破曉時分，才會慢慢地醒過來。

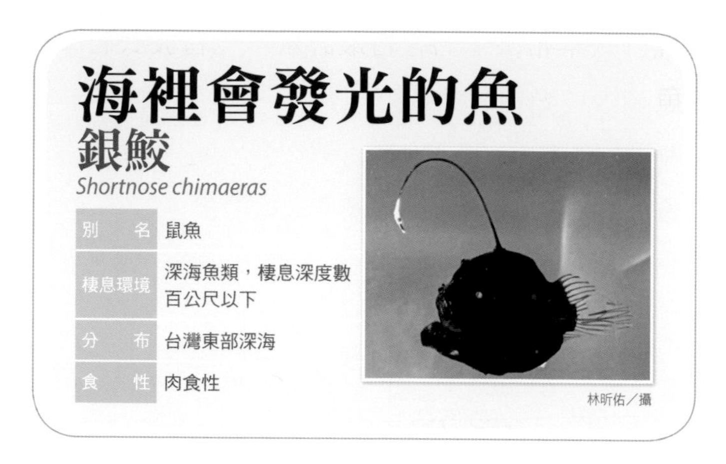

很多深海魚類，如燈籠魚等都具有發光器，但發光的魚並不一定都是深海的魚。

有些生活在淺海的魚類，如狗腰鰛等，也具有各式各樣的發光器，但是只有海水魚才會有發光器。

有關有光器的魚的記載，首先見於一八一〇年黎索的報告，他指出有一種銀鮫的鬚能發光。

一八四〇年孟奈的研究報告，記述棘鮫的一種被捕獲後，在水族箱內繼續發光近三小時，死後才慢慢消失。

另外在一八九五年，凱拉亦曾報告尖鰭鮫的一種也能發光。

硬骨魚類的發光魚，則首見於一九〇七年史提的報告。

但以一九〇八年布撈爾的報告最詳細，他曾發表有二三九種發光的魚。

近年則有羽根田及強生等，於一九四〇年及一九五二年中，發表了有關光魚的發光機構的研究報告。

發光魚的發光器，有的是在體側，也有的在眼睛的附近。更有的是在鰓腔、口腔內、食道周圍，甚至在鬚或棘鰭的。

牠們發光的目的，為的是便於在暗淡的深海中，識別周圍的環境，或用以威嚇敵魚、或引誘其他魚，使其易於捕捺，或做為雌雄間的信息。發光的原理，根據它的光源，可分為二種類型：

一種是在發光器內，有發光細菌共生，由這種細菌所發出的光；另一種則為發光器內的細胞，產生化學反應所造成的光。

前者為一種管狀或囊狀的中空的器官，由許多腺細胞所圍成。通常具有導管開口於體表或消化管，這種發光器的體內部份，具有反射的裝置，用以防止光向體內擴散。

在體外部份的肌肉，則為半透明的肌肉，具有鏡頭的功能。

發光細菌是一種球狀菌，在發光器內依發光器內的細胞的營養為生，而魚則藉發光細菌的光發光。

另一種則為魚類自身的發光，這種魚的體表亦具有腺體組織或球狀發光器及藏於體內的腺體組織。

球狀發光器的構造，由外而內，順序為鏡頭、發光細胞、反射層及色素層。色素層細胞的伸縮，用於調節光量。

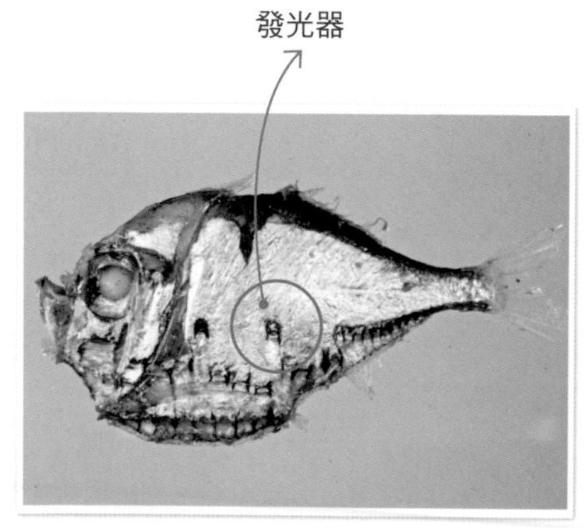

發光魚的發光器，有的是在體側，也有的在眼睛的附近。發光的目的，為的是便於在暗淡的深海中，識別周圍的環境，或用以威嚇敵魚、或引誘其他魚，使其易於捕掠，或做為雌雄間的信息。

（邵廣昭／攝）

Part 3
海裡的
自然現象

獅子魚？真的會像獅子嗎？

沒錯！牠看起來就像雄赳赳的雄獅，所以外國人就管牠叫獅子魚。

其實這類魚的中文名字，就叫做簑鮋，只是一般人比較習慣於叫牠的洋名罷了。

當你潛游於熱帶的珊瑚礁中，你就可以看到牠伸展著色彩鮮艷的大型背鰭，和那有如翅膀狀的左右胸鰭，在珊瑚礁中徘徊流連。

如果你不去驚動牠，則任你怎麼去接近牠，牠也不會刻意去躲開，反而會很大方地像嬌柔的女孩子一般，慢慢地在那兒展示漂亮的衣裳和優美的體態。

那種樣子，實在像極了翩翩欲飛的花蝴蝶。因此我們常說牠是最上鏡頭的魚兒。

獅子魚屬於鮋科，牠頭頂上及眼睛的旁邊，常有一些短小的觸角狀突起。身體的周圍，另外還有十數條明顯的紅褐色條紋。

牠的背鰭、胸鰭、腹鰭，甚至於臀鰭上，都有斑圖或橫帶，或者以眼睛為中心，向下放射出若干黑白相間的條紋。

獅子魚背鰭上的硬棘相當銳利，而且還有劇毒，在海中是很好的防禦工具。

胸鰭很大，每根鰭條都很長而相互分開，只是它的基部有一道薄膜相互癒合，乍看起來就像蝴蝶的雙翅。這些醒目

潛水者在珊瑚礁中，常會看到獅子魚伸展著色彩鮮艷的大型背鰭，和那有如翅膀狀的左右胸鰭，在珊瑚礁中徘徊流連。如果不驚動牠，無論多接近，牠也不會躲開。（鄭明修／攝）

的斑紋，含有示警的作用：

「我不是好惹的！少來觸霉頭！」

獅子魚一遇到「來者不善」的外物接近，就會把背部拱起來，張開背鰭，立刻採取警戒的架勢。

平常在岩壁上休息或睡覺的時候，牠也都是把腹部向內貼著礁石，而讓銳利的背鰭向著外面，來防範敵害。

但獅子魚吃東西的時候，文文靜靜，利用沒有刺的翼狀大胸鰭，把小魚掃進牠的嘴裡，一點兒也不急躁。

獅子魚的背鰭、胸鰭、腹鰭，甚至於臀鰭上，都有斑圖或橫帶，或者以眼睛為中心向下放射的黑白條紋。背鰭上的硬棘利且有劇毒，是很好的防禦工具。（詹榮桂／攝）

礁隙中的豺狼

鯙

Moray eel

別　名	錢鰻、虎鰻
棲息環境	礁岩底棲
分　布	全台海域
食　性	肉食性

鄭明修／攝

在五光十彩的珊瑚礁海域裡，海水溫暖而清澈。舉目望去，盡是一些彩色艷麗和藹可親的魚兒，在那兒覓食和嬉戲。

我潛游在這繁華的海底世界裡，真是多麼的悠然自得啊！但是，這安逸的社區中，仍然隱伏著重重的危機。

在那些礁石的縫隙裡，總會有一些兇惡的「礁隙中的豺狼」——鯙，虎視耽耽地等待著掠食粗心的小魚。

鯙，常常會被人誤稱為海鰻。其實，只要我們仔細的去觀察，就會發現鯙並沒有胸鰭。但，海鰻卻具有胸鰭。

也有些人把鯙和海蛇混為一談。實際上，鯙是用鰓呼吸的魚類，牠的背上有著一條長長的鰭褶，一直連到尾部。

但海蛇是用肺呼吸的爬蟲類，牠的身上滿布著鱗片，背上卻沒有鰭褶。要是說牠們有類似的地方，恐怕只有那條長長的身子和滿口的利牙了！

說到這口尖牙，那真是鯙最可怕的地方，它是鯙用來掠捕食物最有力的武器。

牠可以很輕易地一口咬斷粗心潛水者的手指；大大小小的魚兒只要讓牠咬住了，絕無倖免於難的。

即使是在珊瑚礁中到處橫行霸道有著八條臂膀的章魚，一看到鯙，也會掉頭就逃之夭夭。

妙的是，鯙又偏偏喜歡吃章魚，所以只要兩者一碰上了，就會爆發出一場慘烈的搏鬥！

鯙喜好躲在礁石的縫隙裡，虎視眈眈地等待著掠食粗心的小魚。人們常會誤以為是海鰻，但鯙並沒有胸鰭。背上有著一條長長的鰭褶，一直連到尾部。

（鄭明修／攝）

但是，鯙雖然是這樣的兇猛，要在這海洋世界好好地活下去，牠也一樣需要朋友。

例如，一種叫倍良的魚和一種也叫做「清潔者」的小蝦子，就跟鯙相處的十分融洽。

這種小蝦子也經常

在鯙的身上爬來爬去，替牠清除身上的污物、傷口的腐肉以及外部的寄生蟲等；甚至於還會幫牠剔牙、清喉嚨，膽子可真不小。

這也是自然界中的一種共生現象，讓萬物和諧，不論大、小、強、弱，都要能懂得如何去容忍別人，幫助別人。

如果你有機會進入海底世界，漫步在珊瑚中，千萬要小心，不要去誤觸到這些躲在礁隙中的鯙，以免遭受到無妄之災。

但是，也不要任意去殺戮牠。我們生物都有生存的權利，你不認為牠也有嗎？

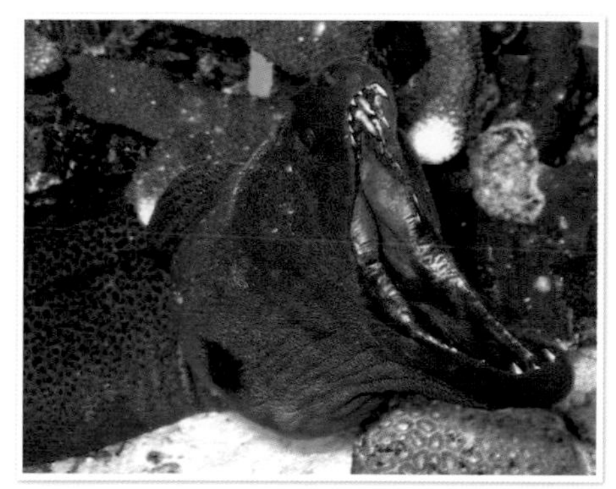

這口尖牙，是鯙最可怕的地方，也是鯙用來掠捕食物最有力的武器。可以很輕易咬斷粗心潛水者的手指；魚兒只要讓牠咬住了，絕無倖免於難的。（鄭明修／攝）

海裡的袋鼠

海馬

Seahorse

別　　名	海馬
棲息環境	棲習於沙質海域底棲
分　　布	全台海域
食　　性	以浮游動物為食

詹榮桂／攝

魚類除了大多數的軟骨魚類及一部份的硬骨魚類為胎生以外（實際上因為魚類不像哺乳類具有子宮、胎盤及羊膜，所以嚴格地說起來，應為卵胎生），絕大多數都是卵生的。

一般說來，淡水魚的卵比較大而卵數少，而且大多是沉性的卵。海水魚的卵，絕大部份是細小的浮游性卵。

此外，由於海中的敵害多，卵的損失率很高，因此，海中魚的卵往往有幾十萬粒到幾百萬粒之多。

不過，為了維護種族的繁衍，許多魚類都有保護卵的習性，使卵安安全全地孵化出小魚來。

這種保護卵或是孵卵的工作，倒不一定是雌魚的責任，而往往是雄魚的使命。我們所熟悉的海馬，就是一個很有趣的例子。

台灣產的海馬有五種，即三斑海馬、葛氏海馬、豆蒔海馬、庫達海馬及長棘海馬。其中以長棘海馬較為常見。

海馬與海龍不同，後者有尾鰭，且尾部不能卷纏外物，身軀比海馬更為瘦長。

這類的魚游泳只靠背鰭，所以速度很慢，是魚類中可以直游也可以橫游的種類。

這些魚類數量不多，所以很受玩賞熱帶魚人士的喜愛。因為牠的肉質很少，皮下的鱗片都已骨板化，所以作成乾製標本很容易，只要浸過福馬林後蔭乾即可，而中藥店的則只是把它乾燥罷了。

海馬游泳只靠背鰭，所以速度很慢，但可以直游也可以橫游，很受玩賞熱帶魚人士的喜愛。因為肉質很少，皮下的鱗片都已骨板化，所以作成乾製標本很容易。（鄭明修／攝）

海馬與海龍不同，上圖是海馬，下圖的海龍有尾鰭，尾部不能卷纏外物，身軀則比海馬瘦長。（邵廣昭／攝）

海馬通常棲息在海岸近處的海中，常以牠的尾部搭在海藻上，以捕食大型的浮游生物及其他小型的甲殼類為生。

雄海馬每當生殖季節時，就會由腹部兩側的皮褶形成育兒囊。雌海馬產卵的時候，就產在雄海馬的育兒囊內。

然後，卵就在這囊中受精而孵化，利用海綿組織吸附在父親的身上，吸取養料。

小海馬孵化出來後，當適當時機，雄海馬就會收縮肚子，把小海馬一條一條擠出育兒囊，讓它們自力更生。

這時，雄海馬也就不再理會這些小海馬了，你說它的行為像不像袋鼠呢？

鱝

Taeniura

別　名	魟魚、鍋蓋魚
棲息環境	海底
分　布	全台海域
食　性	肉食性

鄭明修／攝

當你初次漫游在沙質的海洋底部上，往往就會由於巨型蝙蝠的突然出現而驚訝不已！

在這一望無際深不見頂的海洋裡，那兒來的大蝙蝠？不！不可能！那麼難道是有人在海底下放風箏不成？

事實上你所看到的是一種叫做「鱝」的大型魚類。

鱝的體型和一般的魚類迥異。身體扁平而廣闊，略帶菱形。背部呈深灰或藏青色，腹部則為純白色。加上牠那細細長長的尾巴，乍看起來就像是一幅風箏。

牠的胸鰭特化，和身體癒合而向兩側展延成廣闊的鰭葉。鱝游泳的時候，就鼓動著這一雙巨大的鰭葉一上一下的，宛如一隻在海中飛翔的蝙蝠。

當牠平貼在海底上休息，尾巴和部份身體被沙遮掩了起來，遠遠望去只見海底上有著一團黑色的隆起，好像有人把鍋蓋子扔棄在那兒似的。所以在台灣，也有人把鱝叫做「鍋蓋魚」。

鱝，在進化上是屬於比較原始的魚類。牠跟兇狠的鯊魚可以說是近親。都屬於沒有硬質骨頭的軟骨魚類。不過鱝可要比鯊魚乖巧多了。

牠是不會無緣無故去攻擊人的。雖然大的鱝，如燕魟，可以長到好幾百公斤重，不過，牠的主要食物都是一些小型的魚蝦和其他的海洋生物。

鱝的尾巴是牠保護自身安全的防衛武器，在它上面，長

鱝的體型扁平而廣闊，略帶菱形，乍看起來就像是一幅風箏。因為胸鰭特化，和身體癒合而向兩側展延成廣闊的鰭葉。游泳時鼓動著這一雙巨大的鰭葉，一上一下的，宛如一隻在海中飛翔的蝙蝠。（鄭明修／攝）

有一根或數排短小而堅硬的棘刺，有的甚至於還帶有毒囊呢！

因此，千萬不要像平常玩弄貓或狗的尾巴一樣，任意去抓鱝的尾巴。如果一不小心，就要痛上好幾天，其苦無比！

所以一般漁民，一捕到鱝，就當場在船上把鱝的尾巴剁掉，以防無意中被刺傷。

也正因為這個緣故，我們在魚市場上，就看不到有細長尾巴的鱝了。

鱝的尾巴是牠保護自身安全的防衛武器，上面有一根或數排短小而堅硬的棘刺，有的甚至於還帶有毒囊。所以漁民一捕到，當場就把尾巴剁掉，因此在魚市場上，就看不到有細長尾巴的鱝了。（邵廣昭／攝）

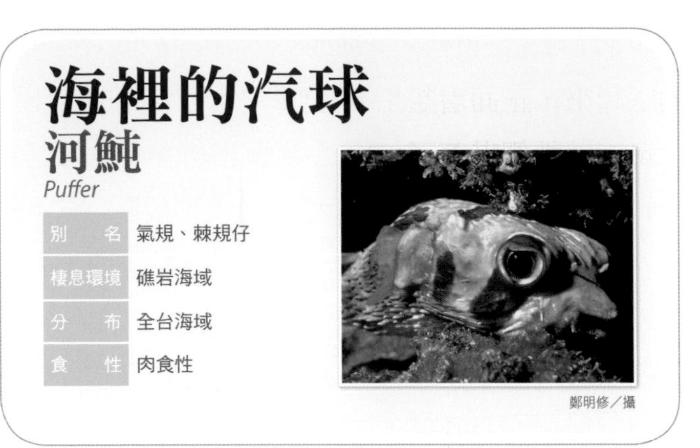

海裡的汽球

河魨

Puffer

別　名	氣規、棘規仔
棲息環境	礁岩海域
分　布	全台海域
食　性	肉食性

鄭明修／攝

一般的河魨，大多屬於四齒魨科的魚，體表沒有鱗片，但卻覆蓋著許許多多細密的針棘。

但牠們的堂兄弟——刺河魨，是屬於二齒魨科，牠的刺更是長而尖銳。

河魨生活在熱帶的沿岸礁石較多的海中。在海裡面，猛然看到牠那多角形的箱狀身體，滿懷著荊棘，緩緩地搧著兩片寬廣的胸鰭，冷眼看著你，一點兒也不討人喜歡。真會使你不敢也不想親近牠！

其實，跟牠們相處久了以後，倒覺得逗逗牠們生氣，也是蠻有趣的。

由於河魨行動遲緩，游不快，很容易被潛水的朋友捉到。

這個時候，牠會迅速的嚥下海水或空氣，把肚皮鼓得像汽球一樣的脹起來，正面看起來，活像是個氣嘟嘟的娃娃。

你可別被牠們嚇著了，這是牠防禦敵害的詭計呢！

通常一遇到危急的情況，河魨的腹部就開始膨脹，滿身的棘刺也就跟著全豎了起來，採取最好的防守姿勢。這幅威武的尊容，往往使得強悍的敵人不知從何處下手來攻擊牠，更不敢想把牠一口吞下去，因此只好退避三舍，敬而遠之。

曾經有人看到許多小刺河魨，面臨到一條大魚的威脅，這個時候，所有的小刺河魨馬上集攏在一起，圍成一個球狀，看起來就像是一團很大的棘球，而把這條兇猛的大魚嚇走了。

河魨的牙齒非常發達。四齒魨的上下顎都有一塊骨質齒

河魨行動遲緩，游不快，很容易被潛水者捉到。這時牠會迅速的嚥下海水或空氣，把肚皮鼓得像汽球一樣，正面看起來，活像是個氣嘟嘟的娃娃。（鄭明修／攝）

河魨通常一遇到危急的情況，腹部就開始膨脹，滿身的棘刺也就跟著全豎了起來，採取最好的防守姿勢。（鄭明修／攝）

大多數的河魨都是有劇毒的。不同種的河魨，有毒的部位也不同。有些是牠的內臟，尤其是肝臟，有些是生殖腺（精巢及卵巢），而有些是皮膚有劇毒。（鄭明修／攝）

板，每一骨板中間均有一道縫隙而成為四齒狀。

但刺河魨的上下顎，則只有一骨質齒板而中間並沒有裂縫，就只有二齒了。

這些齒板邊緣極為銳利，可以咬碎有殼的軟體動物或硬珊瑚。因此，牡蠣、貽貝等也都是他們很好的「活海鮮」。

談到吃海鮮，河魨可千萬不能亂吃的哦！大家都知道大多數的河魨都是有劇毒的。

不同種的河魨，有毒的部位也不同。有些是牠的內臟，尤其是肝臟，有些是生殖腺（精巢及卵巢），而有些是皮膚有劇毒。

可是偏偏牠的肉卻非常的好吃。從日本人把河魨的料理，視為珍貴的佳餚就可見一斑。

但是，這道菜一定要經由受過專業訓練的師傅，很仔細的處理後才能吃，否則就很容易賠上命的！

河魨的肉卻非常好吃，被日本人視為珍貴的佳餚。但一定要經由受過專業訓練的師傅，很仔細的處理後才能吃，否則就很容易中毒。（邵廣昭／攝）

海藻裡的漁翁

躄魚

Frogfish、Anglerfish

別名	五腳虎
棲息環境	礁岩海域
分布	全台海域
食性	肉食性

鄭明修／攝

台灣沿岸，每到春天，在低潮線下，常可以看到很旺盛的大型褐藻，這些褐藻大多數是馬尾藻。

馬尾藻長數十公分，有許多羽狀的分歧和一顆一顆的小球狀氣囊，它的葉子長而且皺皺的，邊緣有細小而堅硬的鋸齒。

許多海洋生物就利用這些成叢的海藻，作為棲息和孕育的場所。在這裡頭也有「漁翁」──躄魚，躲在那兒垂釣呢！

躄魚，長得真是奇貌不揚，體軀肥短，皮膚呈淡黃色或深褐色，有許多細小的顆粒及斑紋。

它的形狀和周圍的環境一模一樣，簡直使你無法從海藻中把牠分辨出來。

牠背鰭的第一個硬棘特化而成為叉狀肉瘤，加上這肉瘤分叉點前端的一些肉質觸毛，看起來就像一副裝上了「餌」的「釣竿」，在學術上又稱為吻觸手。

躄魚就經常輕輕地搖動著這「釣竿」，利用牠那看起來像是會跳動的「活餌」，誘引其他不知情的小生物，前來上鉤。而牠那寬大的嘴巴，正在下方著吃「活海鮮」；這個漁翁真是「一竿在身，其樂無窮」。

在這些糾葛不清的海藻叢中，躄魚究竟怎麼活動呢？

讓我們看看牠身體各部份的長相，也就可以知道這漁翁是怎樣地在海藻叢適應牠的生活了。

躄魚的鰓裂很小，和其他的魚類不同，位於胸鰭腋部下

躄魚長得奇貌不揚，體軀肥短，皮膚呈淡黃色或深褐色，有許多細小的顆粒及斑紋。形狀和周圍的環境一模一樣，使海中其他生物無法從海藻中把牠分辨出來。（鄭明修／攝）

端，我們要仔細看才能看得到它一張一合地在呼吸。

牠的胸鰭特化而呈柄狀，外觀看起來就像是陸生脊椎動物前肢的雛型。躄魚就用這種柄狀胸鰭，在海藻中爬行，怪模怪樣的，真是有趣。

躄魚的腹部像河豚一樣，也能夠膨大。平常牠在海藻中，我們很不容易把牠找出來。可是當牠的胃充滿了空氣就會浮出水面。

海中會釣魚的魚類並不是只有躄魚。例如，鮟鱇也是知名度很高的釣魚能手呢！

只是躄魚生活在較淺的沿岸而鮟鱇棲息在較深的海中，各釣各的魚，自得其生活的樂趣。

躄魚的鰓裂很小，位於胸鰭腋部下端，要仔細看才能看得到它在呼吸。胸鰭特化而呈柄狀，外觀看起來就像是陸生脊椎動物前肢的雛型，牠也就用這種柄狀胸鰭在海藻中爬行。（鄭明修／攝）

海裡的活石頭

石狗公

Scorpionfish

別　名	石頭魚、虎魚
棲息環境	礁岩海域
分　布	全台海域
食　性	肉食性

鄭明修／攝

當你在海裡面，徘徊於珊瑚礁的小山下面，有時候也許會看到一小塊「岩石」突然間動了起來。

驀然間，會以為這座「小山」就要開始塌方，而大吃一驚。

可是等你驚魂甫定，冷靜的仔細去瞧一瞧，就會發現原來是一塊「活石頭」。

這個物體並不是石頭，而是一種叫做石狗公的魚。

石狗公的皮膚非常粗糙，凹凹凸凸的，又是疙瘩又是瘤的，一點也不引人注目。

但牠那具有斑紋的膚色，又能隨著身邊環境的變化而自動調整。

有些石狗公，如一種叫做鬼石狗公的，甚至於還在身上長出許多皮瓣，在水中隨著海流搖呀搖的，與生長在礁石上的藻類一般。

所以，當牠靜靜的停在礁石上時，我們就很難以警覺到牠的存在了。

石狗公的行動非常遲鈍，無法以快速的行動來捕獲獵物，就會靠牠那一身無瑕可擊的偽裝技術，騙得其他的小魚小蝦來接近。

當這些可憐的小動物，不小心靠近石狗公時，牠會再以偷襲的方法，用牠那一張大嘴來狼吞虎嚥。

如果你在海裡，不小心遇見了牠，千萬不要隨便用手去

石狗公的皮膚非常粗糙，具有斑紋的膚色，能隨著身邊環境的變化而自動調整。當牠靜靜的停在礁石上時，海裡其他生物就很難以警覺到牠的存在了。（林昕佑／攝）

觸摸牠的背部。因為牠的鰭棘，不但非常堅硬，而且還含有一種毒液。

假如被刺傷了，紅腫疼痛幾天是免不了的；這也可以說是用來彌補牠由於行動遲緩、逃避能力薄弱的天生弱點，而擁有的防衛工具。

有些種類的石狗公，是卵胎生的，跟某些鯊魚類似，牠的受精卵並不排出媽媽的體外，而是藏在母親的肚子裡，直到發育成小魚以後，才生出來的。

這種生殖的方法，大大地減少了牠後代被淘汰的危機，而得以一代一代的繁衍下去。

在海裡遇見了石狗公，千萬不要隨便用手去觸摸牠的背部。因為牠的鰭棘，不但非常堅硬，而且還含有一種毒液。假如被刺傷了，紅腫疼痛幾天是免不了的。（鄭明修／攝）

飄落海底的葉片

比目魚

Flounders

別　名	平魚、左口魚
棲息環境	沙質海底的海域
分　布	全台海域
食　性	肉食性

鄭明修／攝

當你第一次在海底看到比目魚時，或許會吃一驚，奇怪！怎麼只見牠的兩隻眼睛，而牠的身體那兒去了？

好！現在讓我慢慢來告訴你這箇中的奇妙吧！

魚類的體型，原本就相當的多樣性且富於變化。一般最常見的魚類是紡綞形的，其他還有箱形的（河魨），帶狀的（白帶魚），像馬的（海馬）以及扁形的等等。

屬於扁形的魚類不少，例如鱝、美味的鯧魚和比目魚等。

就扁形的魚類來說，鯧魚的左側、右側都有眼睛，體型兩邊成對稱。

鱝也是扁形，但牠屬於上下方向的壓扁，因此背部朝上，腹部在下方，而且身體各部份仍然左右相對稱，兩隻眼睛仍然是左、右各一隻。

比目魚呢？外形乍看起來似乎和鯧魚相近。實際上，牠的背部和腹部移到魚體的左右兩側邊緣，而原來的身體兩邊成了扁平的上下兩側。

牠的上下兩側的顏色是截然不同的，經常平貼或埋入砂石中的下側是白色的，上側則通常為褐色、深灰色或黑色，隨著牠所棲息環境的色調而變化。

比目魚是底棲性魚類，生活在海底沙地或小石礫地上。由於牠習慣於平貼底部生活，因此漸漸演化成兩個眼睛都長在同一側的身體上。

學術上將牠的兩側，有眼睛的上側，叫做「眼側」；沒有眼睛的下側，叫做「盲側」。

比目魚游泳的時候，利用牠那轉移到長在身體兩側緣的長背鰭和臀鰭，平著身做波浪式的擺動而前進。

這一點和其他魚類

比目魚是底棲性魚類，生活在海底沙地或小石礫地上。由於牠習慣於平貼底部生活，因此漸漸演化成兩個眼睛都長在同一側的身體上。（鄭明修／攝）

大異奇趣，因此也有人稱牠們為「側泳類」。而牠們奇特的體型，也為牠們帶來了「異體類」的外號。

因為比目魚的眼睛會遷移到一邊，這種不對稱的發展，使有些種類的嘴巴也跟著彎曲如鉤。而在眼側這面的上、下顎和牙齒相當退化；但在向著盲側那面的卻長了很多牙齒，這類的比目魚喜歡把自己埋在沙裡，很懶得活動，主要是以攝取底棲性的軟體動物或其他活的無脊椎動物為生。

剛孵出來的小比目魚跟其他的魚兒一樣，有著正常、對稱的體型，眼睛各在一方，大約長至半吋大小。

但是一到了變態時期，眼睛就移到同一邊去。這時候牠就要好像一張葉片似的，降到海底去過牠的大半生了！

你說，牠們是不是很有趣呢？

比目魚游泳時，利用牠那轉移到長在身體兩側緣的長背鰭和臀鰭，平著身做波浪式的擺動而前進。這一點和其他魚類大異奇趣，因此有人稱牠們為「側泳類」。（鄭明修／攝）

海裡的星星

海星

Sea star

別　　名	海星
棲息環境	潮間帶到深海都有分佈
分　　布	全台海域
食　　性	雜食性

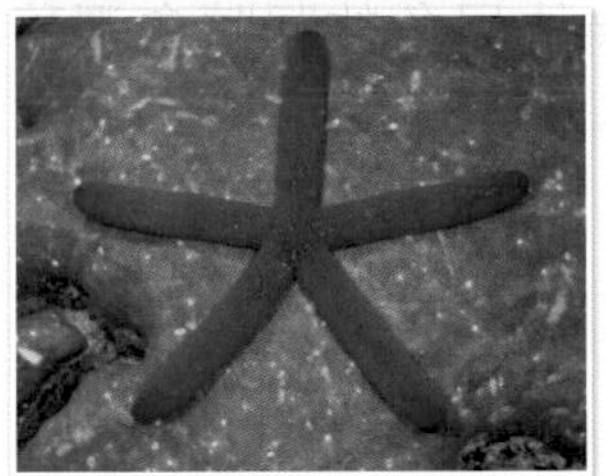

鄭明修／攝

在晴朗的夜晚，當你仰望那滿天閃爍的星斗時，你是否想過：在沿岸淺海的礁石中也有許多海裡的「星星」正點綴在岩石上？

這些和天上星星相互輝映的生物就叫做「海星」，有人又稱牠做「星魚」。你看！牠不是像極了星星的樣子嗎？

海星也是棘皮動物的一類，身上的硬棘比起海膽要短且鈍得多。牠們大都有五條手臂，就像是星星的五個角一樣。

在每一條手臂的下面，都有一長滿了細小管足的溝（即步帶溝），它們可是海星運動的器官呢！

大部分的海星都走得很慢，有的一分鐘才能走上兩、三公分的距離，快一點的也不過兩公尺左右。

海星跟海膽一樣如果被打翻了，會自己設法翻過身來，但是因為牠有長長的五條手臂，「翻觔斗」的功夫比海膽方便迅速。

海星是相當古老的生物，你可以在博物館內看到很多牠們的化石，牠和人類的關係不多，因為幾乎沒有人會想到怎樣去吃牠和利用牠。但是有一種專門吃珊瑚蟲的棘冠海星，常使海底的珊瑚礁遭到相當大的破壞。

所幸還有一種叫「大法螺」的軟體動物，正是這種海星的剋星，可以抑制部份珊瑚礁的浩劫。

一般的海星最喜歡吃蛤、牡蠣和有兩個殼的其它貝類。可是海星要吃牠們，可也得費相當大的精神。

因為這些貝類都有強而有力的閉殼肌，可以用來緊閉牠

海星是棘皮動物，身上的硬棘比起海膽要短且鈍得多。五條手臂的下面，都有一長滿了細小管足的溝（即步帶溝），是海星運動的器官。

（鄭明修／攝）

們的雙殼。但是海星卻也有一套破敵的方法，牠會用手臂緊緊地抱住蛤，並把牠的殼緣儘量移往自己的嘴邊，然後再用管足的吸力把殼打開。

那怕是殼只開了〇・一公分的空隙，海星也能把牠的胃翻出口外，伸入蛤的殼內，分泌一種消化液，把蛤肉吃光。

當然，海星也不是每次都能獲得飽餐一頓的機會，當有些二枚貝類感覺到海星逐漸靠近的時候，牠就會趕緊的逃走，或是上、下、左、右不停的擺動，以摔脫那可怕的魔手。

更有趣的是，有一種螺，一遇到海星，牠就會將其光滑的皮膚伸出來，將自己的外殼包起來，海星厭惡這種滑滑黏黏的東西，只好放棄掠取這美味的螺肉的念頭。

棘皮動物都有很強的再生能力。如果你發現一個海星，有一隻較短的手臂，那一定是斷了，又重新長出來的。

有的種類的再生能

棘皮動物都有很強的再生能力，海星的手臂若斷了，會重新長出來。有的種類再生能力很驚人，甚至從一隻斷了的手臂，就能逐漸長成一個完整的個體呢！

（鄭明修／攝）

力是非常驚人的，甚至於只從一隻斷了的手臂，就能逐漸長成一個完整的個體呢！

你是否也想自己到海邊去看一看海星的模樣呢？

你只要到北部八斗子、野柳或石門一帶海邊，翻一翻石頭，就可以找到牠啦！

海星跟海膽一樣如果被打翻了，會自己設法翻過身來，但是因為牠有長長的五條手臂，「翻觔斗」的功夫比海膽方便迅速。

（詹榮桂／攝）

海裡的雞毛撢子

毛槍蟲

Christmas tree worm

別　　名	聖誕樹蟲
棲息環境	珊瑚礁
分　　布	全台海域
食　　性	濾食性

鄭明修／攝

嗨！多標緻的花叢啊！不，那更像極了雞毛撢子。

可是，會有誰躲在岩礁裡頭，只露出一支雞毛撢子，在清除岩礁上的灰塵？

這海中的雞毛撢子叫做毛槍蟲，和蚯蚓一樣是屬於環節動物。當你輕輕地碰一碰牠，或攪動牠周圍的水，牠就會馬上縮進管子裡去，只留下那一小截空管子在岩礁外頭。

這種管子是牠們自己建造的「房子」——棲管。所用的材料和式樣也頗饒趣味。

毛槍蟲有會分泌黏液的特殊腺體。有的種類就把乾硬後的黏液任意的覆蓋在自己身上。有的會將黏液攪和一些泥沙或碎屑，而造成管狀的棲管。

講究一點的種類，還會精選一些微細的砂粒來構築牠的棲管。有的種類則直接分泌碳酸鈣，來造個堅固的房子。

棲管的形式有呈 U 字形的，也有呈彎彎曲曲的管狀的。由於棲管的管壁很堅硬而且很牢固的黏附在岩礁上，甚至深埋在岩石中，使得你無法將牠「捉」回去當紀念品。

如果你硬要拉牠，你不是把棲管砸碎了，就是把蟲體拉斷了。

你所看到的雞毛撢子，實際上就是毛槍蟲的觸手，牠的顏色大都很漂亮，有黃的、紅的、或綠的。遠遠看去像是一叢叢的花朵。

牠們經常伸展著觸手，隨時捕食由四面八方漂來的浮游生物或生物碎片。

毛槍蟲和蚯蚓一樣是屬於環節動物。當你輕輕地碰一碰牠，或攪動牠周圍的水，牠就會馬上縮進管子裡去，只留下那一小截空管子在岩礁外頭。（林昕佑／攝）

當你游近牠附近而攪亂了正常的水流，牠們就會躲警報似的，在瞬息之間一個一個藏了起來。

如果你想仔細地去欣賞牠，可得靜悄悄的待些時辰，牠才會再顯身出來讓你瞧個夠呢！

我倒是常逗著這些毛槍蟲玩呢！你要不要跟著去啊？

（林昕佑／攝）

（鄭明修／攝）

那些看來像是雞毛撢子的東西，實際上就是毛槍蟲的觸手。顏色大都很漂亮，有黃的、紅的、或綠的，遠遠看去像是一叢叢的花朵。

海裡的小太陽
陽燧足
Brittle sea star

別名	陽燧足
棲息環境	潮間帶到深海都有分佈
分布	全台海域
食性	雜食性

鄭明修／攝

這種小動物，像不像你小時候畫的太陽？

這種海裡的「小太陽」，叫做陽燧足。或許因為牠的五條手臂正像太陽放出的光芒，我們才這樣叫牠？

陽燧足與海星一樣都屬於棘皮動物。但只要你稍為留神一下，你就可以覺察出來，牠的長相跟海星完全不同。

從外型上看來。陽燧足與海星最大的差別，在於牠有一個圓盤狀的身體，可截然與牠那五條細長的手臂區分開來。

由於牠的手臂很容易斷掉，外國人就習稱牠為「碎海星」。海星的手臂甚為粗壯，而且也沒有這種圓形的體盤。

陽燧足的體形大多很小。體盤的直徑大約一、二公分左右，把手臂伸展開來也不過三公分至十幾公分。體色大多是黑色或褐色，看起來並不怎麼好看。

也許是這樣，所以牠才常常躲起來？不過你可以在石頭底下或岩石縫裡找到牠，

其實那是因為牠具有很強的避光性，因此，有的甚至於還埋在沙裡，只露出手臂的前端呢！

在台灣北部的沿岸地區，陽燧足的數量相當多，只要翻翻石頭，你就可以看到牠們迅速的逃開，而躲進附近的縫隙裡的那一副狼狽像。

陽燧足行動的時候，是先把一條手臂向前伸，像是指北針一般，先決定好了行動方向，接著再擺動其餘的手臂將體盤提離地面，然後隨著跟進。

牠行動的速度還蠻快的呢！靠著那細長而可捲曲的手

陽燧足行動時，是先把一條手臂向前伸，像是指北針一般，先決定好了行動方向，接著再擺動其餘的手臂將體盤提離地面，然後隨著跟進，行動的速度很快。（鄭明修／攝）

臂，掠捕藻類、生物碎屑、多毛蟲、甲殼類等為食。

下一次，如果你在海邊玩耍的時候，看到好多黑黑的小手臂露在縫隙外面，你或許就會想到把牠們拉出來看看是不是陽燧足吧？

對了！牠們可是很好玩哪，你倒可以試試看和牠玩玩「拔河比賽」，較量較量「耐力」。

當你發現牠們的時候，就趕快輕輕地握住牠那些露在外頭的手臂。注意！握住就好，不要用力拉；稍一拉，手臂斷了，你可就輸了。

這可也是你表演「輕功」的時候呢！只要你能輕輕地抵制牠不讓牠往裡頭退縮，按兵不動地來和牠比比耐力就行了。

時間一久，陽燧足累了，熬不過你，一鬆懈下來，就很容易一條手臂也沒斷的被你拉出來，那時你也就贏了。

你要不要試試？

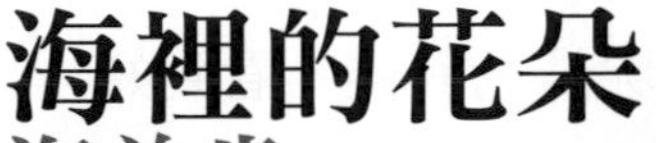

海羊齒

Sea lilies、Feather star

別　名	海百合
棲息環境	珊瑚礁
分　布	全台海域
食　性	雜食性

鄭明修／攝

瞧！在那珊瑚礁上頭，又有一叢叢綠的、黃的……花朵，那種樣子很像蕨類植物中的「羊齒」。

雖然牠的名字就叫「海洋齒」，但那可是道道地地的棘皮動物呢！

牠身體周圍長出很多手臂，大多數的種類具有十條以上的手臂，甚至還有多達二百條手臂。

牠的根部是一束卷枝。卷枝的功用很大，生活在海藻間的海羊齒，卷枝粗短而彎曲，可用來握住水藻的枝條。

棲息在岩石礁上的種類，卷枝比較細長，它可以像爪子一樣抓住粗糙的岩石表面。

雖然海羊齒的游泳姿態很輕盈，但卻不善於運動。往往游沒幾下子就得降落岩石上休息，而利用卷枝在礁石上爬行。一找到合適的棲所常能在那兒待上很久。

有人發現海羊齒會用牠的卷枝攀住岩石，將身體倒掛著，持續幾個禮拜不動呢！

海羊齒游泳的時候，是先將一組手臂向上攀，然後放下，接著再將另一組手臂上舉和下放。就這樣，靠著兩組手臂交替地上下擺動而前進。

初生的小海羊齒由於游泳能力很弱，所以常常群集在成體附近。也因為這個緣故，我們常常可以看到一群一群生活在一塊兒的海羊齒。

海羊齒除了用牠的手臂來游泳外，還用它來撈捕食物。牠們餓的時候，只是將手臂伸張開來，捕取那隨著水流而漂

海羊齒的根部是一束卷枝，粗短而彎曲，可用來握住水藻的枝條。棲息在岩石礁上的種類，卷枝比較細長，可以像爪子一樣抓住粗糙的岩石表面。（林昕佑／攝）

來的藻類、小蝦或小蟹等生物做為食物。

從這點看來，牠們還真是「飯來伸手茶來張口」的懶東西。

海羊齒有這麼一大叢手臂，就像是很好的雀巢似的，可也常為牠自己惹來很多的麻煩。就有許多不速之客，常常不請自來。

例如水螅蟲會跑來附生在牠們的卷枝上；還有蝦子以及螃蟹等節肢動物，也常趕來藏匿在牠們的身上，而把海羊齒當成了牠們長期的棲身之地呢！

海羊齒游泳時，是先將一組手臂向上攀，然後放下，接著再將另一組手臂上舉和下放。就這樣，靠著兩組手臂交替地上下擺動而前進。

（鄭明修／攝）

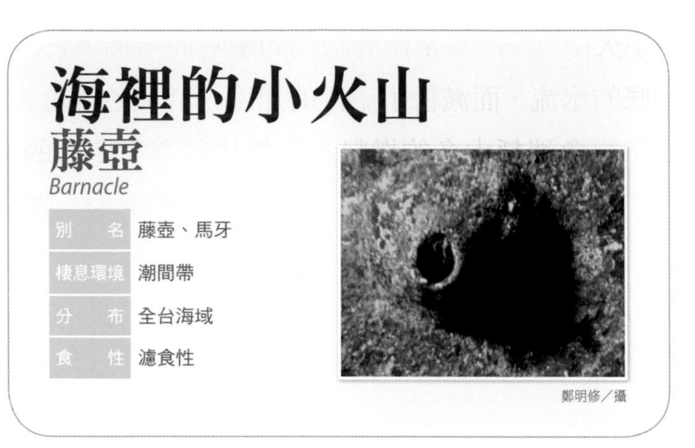

如果你經常在海邊徜徉，或在海中作魚兒游，你就常會有腳底被割傷或手掌流血的經驗。

唉！又是這些令人頭痛的「小火山」──藤壺惹的禍。

藤壺是一種節肢動物，牠們經常盤據了沿岸的大部份礁石，即使在海洋裡只要有堅硬的物體，舉凡船、椿、木頭或海底電纜等，甚至於行動緩慢的螺、龍蝦身上，也都常常會有藤壺附著。

龍蝦雖然也不喜歡藤壺附著在牠的殼上，但跟人類的問題比起來，龍蝦要算幸運多了，牠倒可以藉著脫殼的時候，擺脫掉藤壺的糾纏呢！

但是藤壺帶給我們人類的困擾可是相當大。你別小看了這些「小火山」，船隻常由於牠們的攀附而增加了它的重量，阻滯船底的水流，而減低了船行的速度，增大燃料的消耗量。

為了避免消耗太多的燃料，船隻也就必需定期的進行清理，刮掉附著在船底的藤壺。這項工作不僅費力、費時又費錢！

讓我們來看看，這個小生物到底有些什麼法寶？

藤壺的外骨殼酷似圓錐形的房子，看起來又像個小火山。牠那柔軟的身體就躲在裡面，而有許多小骨片形成「門板」，司理「火山口」的開或關。

有水流經過時，牠們就像漁夫撒網般把腳踢出火山口，來抓取水中的浮游生物。

如果在岸邊，一旦退潮後，牠就會緊緊地將大門關閉，來抵抗炎熱的太陽和殘酷的乾旱。

大部分的藤壺都是雌、雄同體，可是牠們卻一點也不亂來，而行異體受精。

由於牠們一生都固著在一點上，不能移動，生殖的時候，只有靠著一根能伸縮的長管子「翻山越嶺」把精子送到鄰居裡頭，而使卵受精。

卵受精後，大約經過三至四個月，就可孵出數百個浮游性的小幼體來。這些小小藤壺幼體經過幾個禮拜的漂浮生活後，就開始定居。

小幼體開始附著生活的時候，是先利用牠們敏銳的觸腳，去找尋牠們的「大人們」定居的地方，然後才在其旁邊蓋起新房子來。

為了避免由於過份的擁擠，影響了正常的發育，大都維持大約二 ‧ 五毫米的間隔。曾經有人發現，在一平方呎的面積裡頭，卻聚集有三千個藤壺。

幼體開始「蓋房子」的時候，是先分泌一種黏膠，使「房基」牢牢地附著在堅硬的物體上。這種黏膠可能是世界上黏性最強的接著劑。

很多科學家正在研究這種黏膠的性質，希望能以人工合成的方法來生產這種膠，而應用於工業上和醫學上，例如接合折斷的骨頭，或是鑲補牙齒或是黏合工業品等等。

藤壺分泌的黏膠，能使自己牢附在堅硬的物體上，可能是世界上黏性最強的接著劑。科學家正在研究，希望能以人工合成的方法來生產這種膠，應用於工業和醫學，如接合折斷的骨頭或鑲補牙齒等等。（鄭明修／攝）

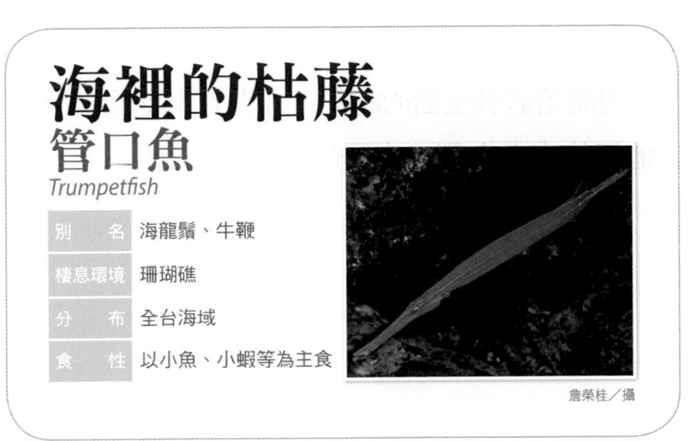

海裡的枯藤

管口魚

Trumpetfish

別　名	海龍鬚、牛鞭
棲息環境	珊瑚礁
分　布	全台海域
食　性	以小魚、小蝦等為主食

詹榮桂／攝

「咦！明明看到一截枯藤在那兒漂浮，怎麼一會兒就不見了？」

我四下裡張望，藍藍的海卻已然毫無動靜。正待轉身，又見有一根枯藤升起來又降了下去，隱入一堆珊瑚叢中。

「奇怪？樹枝不是隨著海流漂的嗎？這一回又是什麼東西使它作垂直的移動？」

我心裡容不下這許多問題，忍不住游向那株樹樣的珊瑚，心裡頭還在嘀咕著：

「去瞧個明白！也許是誰在跟我捉迷藏？」

樹枝狀的珊瑚叢裡，住滿了小蝦子和小螃蟹等許許多多小生物。我終於在一根枝椏的隱密處，找到了那根神秘的枯藤，原來是一條管口魚！

瘦瘦長長的管口魚具有一幅長管狀的口吻，小小的嘴巴就開在它的最前端。

你看！牠利用牠那小而透明的背鰭和臀鰭支撐著整個身體，斜斜地倚在珊瑚枝間，一動也不動，就跟一段木頭或一根珊瑚的分枝一樣。

瞧！牠還轉動著大眼睛，彷彿在為自己擬態的本領沾沾自喜呢！

要不是牠偶而還得意的表演一招頭朝下、尾朝上而上上下下的倒立功夫，可真叫人摸不清牠竟還是條魚兒。

管口魚不善於游泳，常隨著海流獨來獨往的在海裡漂流，要不，就常常靜靜地棲息在珊瑚裡，你或許會以為牠一向閒來無事？

其實，一點兒也不！

牠是經常用以靜制動的方法，埋伏在那兒，待機而動，一有小海鮮靠近，牠就用那長長的，像望遠鏡筒似的嘴管用勁一吸，美味的小魚、小蝦就盡入了牠的肚子裡。

可憐的是，這些小魚、小蝦原先還以為，接近的是一截安全而能夠棲身的枯樹枝。

管口魚有時候也會出外打獵，這時候，牠會不聲不響地跟在一些小魚看了並不害怕的大魚後面（特別是草食性的大魚），牠就比較有機會接近獵物，為自己的肚子騙來幾頓美食。

同樣的，管口魚也會遇上要吃牠的大魚，這時牠會儘快地鑽入礁石的洞穴裡躲藏起來，掠食性的大魚想吃管口魚，還是一件頗費功夫的事呢！

一來因為牠常隱身在珊瑚礁裡，不容易發現牠的芳蹤。

二來因為管口魚身體長，頭骨又硬，想一口吞下牠，也真難，非得把牠咬成一塊塊，才容易吞嚥呢！

管口魚常以靜制動，等小海鮮靠近，牠就用那長長的，像望遠鏡筒似的嘴管用勁一吸，這些小魚、小蝦原先還以為，接近的是一截安全而能夠棲身的枯樹枝。

（林昕佑／攝）

跋

從《看見台灣》思想起

台灣未來教育研究學會理事長 黃清一

《看見台灣》這部紀錄片，彰顯了神的創造之美，也叫人們看見人的惡行。

我們聽見林慶台牧師在電影《賽德克．巴萊》中的曠野讚美之聲，也看見台灣長子原住民與神同在的喜樂，更警醒了世人仗著權勢富而不仁、破壞生態的惡行。

從「看見台灣」思想起，就能發現《看見台灣的海洋世界》作者張崑雄博士寫這本書的苦心。

張博士他愛台灣愛下一代的孩童，早在三十年前，他寫的＜海底奇觀＞與參訪他的＜拜訪張教授＞，就已列入國立編譯館『部編本』的教材，成為這一世代台灣人認識海洋的啟蒙教材。

他是「櫻花鉤吻鮭」保育成功的國寶魚之父，也是國家公園的創設參與者，更是環境保育永續利用的先驅。

在他受洗成為基督徒後，更體認了創造的神「各從其類」的美意，因而有了這本書。

張博士引用聖經，強調神給人扮演的角色，是超出其他生物的。這些生物和我們共生在同一環境，隨時面臨滅絕的危險。尤其是近代人類透過物理、化學等科技的不妥利用，對生物世界造成很大的損失。

上帝給華人很高的智慧，早在周朝就設有「山虞」與「林衡」官銜，來監督維護特定種屬，並強制實施水土保持，合力管理山地及森林。

台灣不只有山、有水、有濕地、潮間帶所生長的多樣動植物，也是蝦蟹貝類幼魚的棲息所，同時也吸引眾多過境侯鳥。

台灣是神所鍾愛的東方海島，從看見台灣的海洋世界，更能得知台灣真是寶島。

張博士豈只一介書生？他愛台灣，也盼望藉由本書，引導大家從海洋認識台灣，貢獻台灣。

後記

國寶級海洋專家——張崑雄

江婉如

時而澎湃洶湧、時而恬靜輕柔，站在臨海的高雄港灣，每一刻都能感受來自海洋的諸多風情。在高雄長大的張崑雄，傾盡情感、細數海洋的美，在他眼中，四面環海的台灣，隨手拈來，每一隅都有動人的故事。

張崑雄，對海洋文化稍有涉獵的人，應該都對他不陌生。被稱為老師的老師，很難一一細數他的學經歷，因若真要詳列，恐怕需要更多的篇幅。畢竟，每一項傲人的資歷，都是他在這數十年內，為台灣海洋保育竭盡心力、無悔付出的表徵。

親海、愛海、研究海

從小就住在高雄西子灣旁的張崑雄，海洋就像是他的活動操場。「我自己都不知道我是幾歲學會游泳的」，張崑雄笑著說，和同伴悠游於蔚藍的大海中，是與生俱來的天賦，自然暢快的程度，絕非長期生活在陸地上的我們可以想像。也因為張崑雄的親海、愛海，才讓他發現台灣蘊藏著珍貴的海洋資源，更讓他以此為志，在求學路上，一頭鑽進浩瀚無垠的海洋領域。

「台灣是海島，有獨特海洋資源，豐富的程度值得研究資源利用」。張崑雄早在學生時期，就認為台灣應以海洋資源為發展主軸，因此從台大動物系畢業後，便決心到日本潛心研究海洋生物資源。

半世紀前的張崑雄，就懂得用宏觀的思維看台灣，大膽一反到美國留學的潮流，選擇到同是島國的日本學習海洋科學教育。「捨棄和同學一樣都報考醫學、電機等較有『錢』途的科系，一點也不遺憾，家人也很支持」，懂得以寬廣的心胸看大環境，張崑雄盼從學術研究為出發點，為台灣海域盡一份力。

得天獨厚的天然條件

小學開始就在地理課本上求得的知識，對張崑雄來說，是另一股驅使他深入探訪的動力。要論及福爾摩沙的海洋奧妙，他亮著眼、滔滔不絕的從台灣特有氣候與地理位置談起。

「經地殼擠壓隆起浮出海面的台灣，島嶼上盡是高低起伏的地表現象，更有北迴歸線當分界，在地理上將台灣劃分成亞熱帶與熱帶海洋性氣候，加上島內各處山巒起伏，高聳垂直的山脈，最高海拔幾近4,000公尺，熱帶、溫帶及寒帶氣候的分布，讓山野間滿是百變的植物林相。

然而，台灣不只是植物生態多元，就連海洋生物物種也是琳瑯滿目，張崑雄認為，最特別的是，四面濱海的台灣島擁有1,600公里的海岸線，西部是沙岸、東部為岩岸、南部的鵝鑾鼻海域還有珊瑚礁，北部頂端更可見到珊瑚礁與岩岸的蹤跡。」

張崑雄更補充道，台灣西部海域還有北方來的「親潮」洋流;東部海域有從菲律賓海域往日本流動的「黑潮」，一寒、一溫在台交會，讓海底的各式魚類趨之若鶩，一同齊聚在此，才造就台灣海域生物的多樣面貌。

從破壞中建設

台灣海域擁有的萬種風情，理應永續珍藏保育，但張崑雄在實地進行研究4、5年後，發現沿海魚種日益稀少，顯示海底資源正持續惡化中，為保護資源，張崑雄做了一項轉變。

在1968年自日本東京大學農學系所學成歸國的他，起初選擇專攻海洋生物資源研究，鎖定帶動漁業生物與海洋生態學，並力求學術理論與國民生計相結合。但到1972年時，張崑雄發現海洋資源流失、體認應回歸基礎，因此在隔年正式跨足海洋生態的研究與教學，甚至開始針對台灣海洋冷門但卻重要的議題，著手研究。

不想只在岸上做研究的他，堅持一定要親身經驗，所以在 1971 年時，他跑到美軍顧問團俱樂部學潛水，目的只是為了想親眼看見更底層的海底生態。1972 年，張崑雄帶頭潛入深海，為有效遏止資源面臨匱乏的窘境，他主張因時因地，適度施放人工魚礁，更不辭辛勞的躍進海底，親自監測、拍照，以最直接寫實的參與，督促行動的執行，另外也主張建立海洋牧場，培育沿岸海洋生物資源以增加漁獲。

1977 年，他也曾針對台灣東北部海域發生的布拉格油船污染事件，提出災害評估與具體補救之道；1981 年，台灣出現蝦米螢光劑事件，造成社會大眾人心惶惶，張崑雄為此還主動進行研究，最後證實那僅是甲殼類原有的螢光反應，為社會化解了疑慮。1984 年，他更主持台灣國寶魚「櫻花鉤吻鮭」研究保護小組，全面禁絕捕獲櫻花鉤吻鮭，創下第一件為台灣保育面臨絕種危機動物的史例。1983 年時，張崑雄更首度深入海疆，探查南沙海底的魚類資源，揭開海底的奧祕。

張崑雄為美麗的福爾摩沙海域，闢建一條寬廣的路，致力於薪火相傳與永續發展的他，也期盼有心人士能一同加入。

（原載於《台灣國家公園》2007 年 3 月號）

國家圖書館出版品預行編目資料

看見台灣的海洋世界 / 張崑雄著.
第一版. -- 臺北市：文經社, 民103.02
面；公分. --（文經文庫：A308）

ISBN 978-957-663-716-2 (平裝)
1.海洋 2.海洋生物 3.台灣

351.9 003067

文經社
文經文庫 A308
看見台灣的海洋世界

文經社網址 http://www.cosmax.com.tw/
http://www.facebook.com/cosmax.co
或「博客來網路書店」查詢文經社。

作　　者 | 張崑雄
發 行 人 | 趙元美
社　　長 | 吳榮斌
主　　編 | 管仁健
美術設計 | 瑪姬朱
出 版 者 | 文經出版社有限公司
登 記 證 | 新聞局局版台業字第 2424 號

總社・編輯部
社　　址 | 104-85 台北市建國北路二段 66 號 11 樓之一（文經大樓）
電　　話 | (02)2517-6688
傳　　真 | (02)2515-3368
E-mail | cosmax.pub@msa.hinet.net

業務部
地　　址 | 241-58 新北市三重區光復路一段 61 巷 27 號 11 樓 A（鴻運大樓）
電　　話 | (02)2278-3158・2278-2563
傳　　真 | (02)2278-3168
E-mail | cosmax27@ms76.hinet.net
郵撥帳號 | 05088806 文經出版社有限公司
新加坡總代理 | Novum Organum Publishing House Pte Ltd.
TEL:65-6462-6141
馬來西亞總代理 | Novum Organum Publishing House (M) Sdn. Bhd.
TEL：603-9179-6333
印 刷 所 | 通南彩色印刷有限公司
法律顧問 | 鄭玉燦律師（02）2915-5229

定　　價 | 新台幣 240 元
發 行 日 | 2014 年 3 月 第一版 第 1 刷
3 月 第 2 刷